태교신기

안티쿠스
CLASSIC
07

태교신기

사주당 이씨 지음
이연재 옮김

안티쿠스
ANTIQUUS

개정판 | 머리글

1991년, 『태교신기(胎敎新記)』 초판 역주(譯註)본을 발간했다. 그 뒤 23년 세월이 흘렀다. 초간 출판사 사정은 재판(再版)을 접게 했다. 그런데 느닷없이 출판사 '안티쿠스'로부터 개정출판(改訂出版) 제의가 들어왔다.

가슴이 설렜다. 태교신기! 되뇔수록 마음이 숙연해진다. 중압감이 앞선다. 정인보(鄭寅普) 선생께서 기렸듯이 이 기록물은 사주당 이씨(李氏)의 역저이다. 부인은 조선조 정조 말년, 『언문지(諺文誌)』를 남긴 유희(柳僖) 선생의 어머니이다. 통달한 경서(經書)와 산고(産苦)의 체험을 두루 조섭(調攝)하여 태아교육이 인간 성정(性情)에 미치는 영향과 태교방법 및 그 결과를 아주 새롭게 상술하고 있다.

새나 짐승의 생김생김도 제 어미 아비를 닮는다. 하물며 사람에 있어서랴? 태아교육의 중심은 어버이의 정성과 사랑의 교감이다. 그 교감은 성장과 지능발달에 그대로 반영된다. 참으로 신기하지 않은가?

현대인들은 태아교육의 신비로부터 너무너무 멀리 있다. 안타깝기 그지없다. 어버이의 가르침이나 스승의 가르침, 이들은 물론 한가지이다. 그러나 태어나서 받는 스승의 십년 가르침은, 태어나기 전 뱃속에서 받는 어버이의 열 달 기름만 어림없다. 왜일까? 병을 잘 고치는 명의(名醫)는 병이 생겨나기 전에 미리 다스리고 교육을 잘하는 사람은 태어나기 전에 이미 가르치기 시작하기 때문이다.

이제 『태교신기(胎教新記)』 저자에게 다시 머리 숙인다. 역자의 부족한 능력이 행여나 저자에게 다시 누가 되지 않기를 바랄 뿐이다. 각박한 현대인들에게 태교의 중요성이 크게 선양되고 활용되었으면 하는 마음 간절하다.

개정판 출간으로 저자의 뜻에 계속 보답 기회를 주신 안티쿠스 김종만 대표님과 고진숙 선생에게 진심으로 감사의 뜻을 표하는 바이다.

2014년 4월

李 演 載

글머리에

인간은 어버이를 닮아 태어난다. 얼굴도, 눈도, 코도 닮는다. 귀도 닮고 손, 발도 닮는다. 그뿐인가. 행동도 닮고 마음까지도 닮는다. 그래서 자식은 어버이의 분신이요, 희망이기도 하다.

자식이 어버이의 성정(性情)을 타고 난다는 것, 이것이 정말 불가사의한 일만은 아니다. 그러면 어떻게 닮아 태어난다는 말인가. 태아도 가르침을 받기 때문이다. 어떻게 배울 수 있나. 교감(交感)으로 배운다. 어버이가 보내주는 사랑의 감정으로 느껴 배우는 것이다.

자식에 대한 희망이 크면 클수록 어버이들의 태아에 대한 애정은 깊을 수밖에 없다. 그 때문에 태교(胎教)라는 말의 의미는 옛날이나 지금이나 다름없이 매우 크다. 태교는 뱃속에 있는 아이를 가르친다는 뜻을 담고 있다. 열 달 동안 어버이의 애정으로 뱃속에 있는 태아를 교육시킨다는 말이다.

태아 교육의 핵심은 임산부의 마음가짐과 행동거지의 조심함에 있다. 옛사람들은 마음가짐과 행동거지의 강령으로 인(仁), 의(義), 예(禮), 지(智), 신(信)을 꼽았다. 사랑, 정의, 질서, 배움, 신의는 인간 생활의 기본적인 성정의 욕구이다.

그러나 현대인의 의식구조는 너무나 이해관계에 얽혀, 마음가짐과 행동거지의 지표를 크게 상실해 가고 있다. 그러기에 인간의 감정은 더욱 각박해지고 살벌해지며 드디어는 사회구조적 포학성으로까지 만연되어 간다.

인간 사회의 구조적 포학성은 태아 교육에 절대적인 영향을 미친다. 여기에 우리는 가정 교육의 필요성을 새로이 인식하게 되고 그 가운데서도 태아 교육의 중요성을 절감 내지 강조하지 않을 수 없게 된다.

『태교신기(胎教新記)』는 조선조 정조(正祖) 말년, 『언문지(諺文誌)』를 남긴 서파(西陂) 유희(柳僖) 선생의 어머님이신 사주당(師朱堂) 이씨(李氏)가 저술한 책이다. 통달한 경서(經書)와 산고(産苦)의 경험을 두루 조섭하여 태아 교육이 인간 성정에 미치는 영향과 태교의 방법 그리고 기대되는 그 결과까지 상술한 역저이다.

유 씨(柳氏) 문중에 비장되었던 이 문헌이 미력한 역자의 손을 거쳐 역주(譯註)된 것은 퍽이나 송구스러운 일이다. 그러나 보배로운 저술 내용은 역시 세상에 널리 펴서 알려야 한다. 세상에 널리 펴는 일이야말로 더없이 값진 일이요 또한 저자의 큰 뜻에 십분 보답하는 길이기도 하다.

그런 의미에서 이 책이 현대 사회의 젊은이들에게 자그마한 보탬이라도 되었으면 더 바랄 게 없을 것 같다.

아울러 이 문헌의 소장자이신 건국대 유일상 교수님과 국역 출판을 기꺼이 허락해 주신 문덕사 김중대 사장님 그리고 편집 교열에 크게 도움을 준 안정순 선생에게 진심으로 깊은 사의를 표하는 바이다.

1991년 4월

李 演 載

| 차 례 |

태교신기서(胎教新記序)

무릇 양의(兩儀)[1]가 정(精)[2]과 순리(醇醨)[3]로 얽혀져 있어 나뉘지 않다든가, 크게 네 가지로 구성되어졌다든가[4] 하지만 그 형체에 관해서는 옛 사람들도 판단하기를 그만둔 듯하다. 그 때문에 단장(端莊, 단정하고 엄숙함)의 조화에 대해서는 매우 소략한 편이다.

夫二儀構精醇醨 未分四大成 形聖凡己判 是以端莊之化可以毓.

1) 양의(兩儀): ① 하늘과 땅. ② 양(陽)과 음(陰).

2) 정(精): 정기(精氣). 만물에 갖추어져 있는 순수한 기운.

3) 순리(醇醨): 순수한 풍속과 경박한 풍속. 인정의 후박(厚薄)을 비유한 말.

4) 사대성(四大成): 주무숙(周茂叔)의 『태극도설(太極圖說)』에 보이는 사시행언(四時行焉)으로, 봄·여름·가을·겨울의 네 철의 기(氣)를 이르는 말.

성인의 밝은 덕을 화려하게 계도(啓導)할 수는 있으나 그 균형에 대해서는 변화시킬 수가 없다.

그렇다고 마음을 좇아 가르쳐도 판단하여 알기를 그만두어 버린다면 그것을 익혀 성품으로 옮기기는 거의 불가능하다. 따라서 태교(胎教)[5]를 소중히 여기는 까닭도 바로 여기에 있다.

明聖之德 勳華之導 不能變均 朱之惡蓋未分 則教可從心已判 則習不移性 此胎教之所以重也.

---

5) 태교(胎教): 임신 중에 태아에게 좋은 감화를 주기 위하여 임부(姙婦)가 마음을 바르게 하고 언행을 삼가는 일, 또는 그 가르침.

유(柳)부인 이(李) 씨[6]는 완산(完山) 세족(世族)으로 나이는 83세였다. 어려서부터 글 읽기를 몹시 좋아했다. 경전을 밝혀서 주위를 크게 훈도(訓導)하였다. 고전을 두루 관통하고 전하는 뜻마저 높고 빼어나 세상에 재인(才人)으로 알려졌다.

부인께서 가장 어렵게 여긴 것은 태교를 실행하지 못함이었다. 그래서 전훈(典訓)[7]을 뽑아 엮고 뜻을 남겨서 우선 임산부의 마음과 뜻에 미치도록 하였다.

柳夫人李氏 完山世族 春秋今八十有三. 幼而好書 深明經訓 旁貫載籍 奇意高秀 以爲世之才 難胎教之不行也. 乃採綴典訓遺意 先達微旨 凡姙婦之心志.

---

6) 유부인 이씨(柳夫人 李氏): 태교신기의 저자이며 유희(柳僖) 선생(『언문지諺文志』의 저자)의 어머님.

7) 전훈(典訓): ① 인도(人道)를 가르침. ② 교훈(教訓).

그 내용을 보면, 보고 듣고 기거(寄居)하며 음식을 먹는데 절제토록 하는 일이 대부분이었다. 그건 주로 경전의 『예기(禮記)』[8]를 참고한 것인데, 그것을 종합적으로 기록하여 임신부들로 하여금 모범을 삼도록 한 것이다. 나아가 밝게 감식(鑑識)[9]하고 의술의 이치까지 참작해서 한 권의 책을 이루게 되었으니, 그 나가고 들어옴의 오묘함을 계도(啓導)[10]하여 깨닫도록 한 것이다.

事爲視聽 起居飮食之節 皆參經禮而垂範 綜墳記而炯鑑 酌醫理而啓悟 出入妙奧 勒成一編.

8) 예기(禮記): 오경(五經)의 하나. 진·한(秦漢) 때의 고례(古禮)에 관한 이야기를 수록한 책. 『주례(周禮)』『의례(儀禮)』와 함께 삼례(三禮)라 한다.

9) 형감(炯鑑): 밝게 감정(鑑定)하여 식별(識別)함.

10) 계도(啓導): 식견이 열리도록 지도한다.

아들 서파(西陂) 경(儆)[11]이 이 책의 장(章)과 구(句)를 밝게 나누고 주석을 붙였으니, 이것이 곧 『태교신기(胎敎新記)』이다. 앞사람들이 빼놓은 것을 보충하였으니, 문장만 따지자면 재미있는 것과는 거리가 매우 멀다.

그러한 책을 서파 경이 나에게 가져다 주었다. 나는 거기에서 뛰어난 윤리관, 시서(詩書)에 대한 밝은 인식, 본래 알아 지켜야 될 예(禮)를 새로이 알게 하였다.

子西陂子儆 離章辨句 而釋之 是謂胎教新記. 以補前人之闕 文於戲遠矣. 西陂子與余 新知有絶倫 聰識詩書執禮.

11) 서파 경(西陂 儆): 1773~1837. 조선시대 순조(純祖) 때의 한글학자 유희(柳僖) 선생의 처음 이름.

자는 계신(戒伸), 호는 서파(西陂) 외에 방편자(方便子)·남악(南岳), 경서·천문·지리에 밝았으며 한글에 대한 연구가 깊어 순조 24년(1824)에 한글 연구의 대저 『언문지(諺文志)』를 지었다.

진실로 떳떳하게 말하지만, 그 책을 통하여 더욱 깊이 춘추(春秋)[12]를 배웠고, 그리고 음양(陰陽)[13], 율려(律呂)[14], 성력(星曆)[15], 의술, 수리 등에 관한 글들도 그 그원에 통달하지 않은 것이 없음을 알았다.

더욱이 부인께서 군자를 헤아리고 궁구하여 가르침 또한 깊었다고 한다.

固所雅言 其學尤深春秋 而於陰陽律呂星曆醫數之書 莫不達其源 而窮其支君子 謂夫人之教.

---

12) 춘추(春秋): 오경(五經)의 하나. 중국 노(魯)나라 사관(史官)이 편년체로 기록한 노나라 역사를 공자가 비판·수정한 책.

13) 음양(陰陽): ① 음(陰)과 양(陽), 건곤(乾坤).

② 역학(易學)에서 이르는, 만물의 근원이 되는 상반된 성질을 가진 두 가지의 것.

14) ㉠ 율려(律呂):율률(六律)과 육려(六呂)를 아울러 이르는 말.

육률(六律)이란 십이율(十二律) 가운데서 양성(陽聲)인 대주(大蔟)·고선(姑洗)·황종(黃鍾)·유빈(蕤賓)·이칙(夷則)·무역(無射)의 여섯 음.

㉡ 육려(六呂)란 십이율 가운데서 음성(陰聲)인 대려(大呂)·협종(夾鍾)·중려(仲呂)·임종(林鍾)·남려(南呂)·응종(應鍾)의 여섯 가지 음.

15) 성력(星曆): 천문역법(天文曆法).

서파 경이 나에게 일러 준 사실이다. 가곡(稼谷) 상서(尙書) 윤광안(尹光顔)16이 이 책을 매우 탐내어 그 서문을 쓰고자 하였다. 그러나 그는 거기에 미치지 못하고 그만 죽고 말았다.

서파 경이 내게 그 책을 가져다주면서 그 서문을 이루도록 부탁해왔던 것이다.

작(綽)17은 몇 번이고 돌이켜보면서 받들어 말하노라. 이 책은 진한(秦漢) 이래 없었던 글이요, 부인의 말씀은 세상의 수범(垂範)18으로 우뚝할지어다.

使然西陂子曰 稼谷尹尙書光顔 甚奇此書欲序 未及而卒 子爲我成之. 綽奉覽反復曰; 此秦漢以來 所未有之書 且婦人之立言 垂世尤所罕聞.

16) 윤광안(尹光顔, 1757~1815): 조선시대 순조(純祖) 때의 학자, 정치가. 유희(柳僖) 선생과 교분이 두터웠음.

17) 작(綽): 1760~1828. 조선시대 순조(純祖) 때의 학자. 고금의 경서를 고증학적(考證學的) 방법으로 주해, 많은 저술을 남겼다. 저서 『시차고(詩次故)』, 『역차고』, 『상차고(尙次故)』 등이 있다.

18) 수범(垂範): 몸소 착한 일을 하여 모든 사람의 모범이 되게 함.

옛날 조대가(曹大家)[19]에서 지었다는 『여계(女誡)』[20]는 여인들에게 암송시켜 착한 여인이 되도록 도운 글이라는데, 지금은 그 내용을 거의 알 수가 없다.

허나, 여계가 성인이 성인을 가르치는 것이라니, 그 가르침이 어찌 태아를 가르치는 태교의 힘을 가질 수 있으리오.

무릇 태(胎)라는 것은 천지의 시작, 음양의 근원, 조화의 바탕, 만물의 수레, 천지의 화합, 혼돈의 미착(未鑿)[21]과 같은 것이다. 그러나 오묘하고 그윽한 기운을 밝히는 것은 인간에게 맡겨진 하나의 공훈이 아닐 수 없다.

昔曹大家作女誡 扶風馬融善之 使妻女誦焉. 然女誡所以誡成人 成人而誡 豈若胎教之力. 夫胎者 天地之始陰陽之祖 造化之桁籥 萬物之權輿 太始氤氳 渾沌之竅未鑿 妙氣發揮 幽贊之孔在人.

---

19) 조대가(曹大家): 후한(後漢)시대 문장으로 이름을 날렸던 조반표(曹班彪)와 아들 고(固), 딸 소(昭)의 집안을 가리켜 부른 말.

20) 여계(女誡): 후한(後漢)시대, 조소(曹昭)가 지은 한 권의 책. 내용은 비약(卑弱), 부부(夫婦), 경순(敬順), 부행(婦行), 전심(專心), 곡종(曲從), 화숙매(和叔妹)의 7편으로 나누어 여자의 행실을 논한 책.

21) 미착(未鑿): 아직 길을 내지 못한 상태를 말함.

음(陰)의 조화가 혈맥을 보위하고, 달(月)이 바뀌어 감에 따라 호흡이 이루어지고, 혈맥의 피가 바야흐로 돌게 된다. 따라서 어미의 병이 곧 자식의 병이요, 어미의 안녕이 곧 자식의 안녕이다. 성정(性情)과 재덕(才德)도 어미를 따라 움직이고 고요해진다. 포철(哺啜)[22], 냉난(冷暖, 몸을 차고 따뜻하게 하는 것)도 혈기를 좌우하게 된다.

이제까지 나는 용봉(龍鳳)[23]의 문장을 깎고 다듬어 베풀지도 못했고 한가지로 일을 그르쳐 호련(瑚璉)[24]의 질그릇마저 만들지 못했다. 먼저 생(生)이 있음을 밝혀 배우고 가르침을 알아 번거롭지 않도록 조심해서 쓰임을 본받는 것이 바로 인간의 도리(道理)인 것이다.

方其陰化保衛脈 養月改靈源之呼吸 流通奇府之榮血灌注 母病而子病 母安而子安 性情才德 隨其動靜哺啜冷暖 爲其氣血. 未施斧藻龍鳳之章 闇就事 同埏埴瑚璉之器 先表學有生知教 不煩師用 是道也.

22) 포철(哺啜): 먹고 마심.

23) 용봉(龍鳳): 뛰어난 인물을 가리킴. 남사왕(南史王) 승건전(僧虔傳)에 나오는 말.

24) 호련(瑚璉): 종묘(宗廟)에 제사지낼 때 쓰는 그릇. 『논어(論語)』「선진편(先進篇)」에 나오는 말.

그러므로 어진 스승의 십년 동안 가르침도 아직 어미의 열 달 동안 가르침만 못하다는 사실을 알아야 된다.

이 글은 진실로 모든 여인들과 백성들에게 폭포, 경관을 빛냄과 같고, 도포, 패옥을 가르침과 같고, 금가락지를 보이는 것과 같다할 수 있다. 더욱이 의로운 가르침이 아닌 게 없으니 왕국도 바로 생을 통하여 다 번영하게 됨을 생각하게 될 것이다.

순조(純祖) 이십일년 신사(辛巳) 구월 구일 평주 신씨 작(綽)삼가 서문을 쓰다.

故曰 賢師十年之訓 未若母氏十月之教. 覽此書者誠能昭布景 訓衿佩諸媛 庶見金環 載肅無非義訓 而王國克生盡爲思皇矣.

純廟二十一年 辛巳 重陽後日 平州申綽 謹書.

태교신기
胎敎新記

『여범(女範)』[1]에 말하기를,

옛날, 현명한 여인들은 임신하면 태교법을 신중하게 사용했다고 한다.

그러나 지금 와서 옛날 서적들을 살펴보지만, 그 태교법을 전하는 책은 아무데도 없는 듯하다. 허나, 그 의미를 짐작해 보면 대개는 알 수 있을 것이다.

일찍이 나는 여러 번 임신도 해 보았고 낳아서 길러도 보았다. 이제 그런 경험을 토대로 하여 한 권의 책을 깁고 지었다. 그리하여 세상 모든 여인들에게 그 책을 보여주게 된 것이다.

그렇다고 그 깁고 지음을 다른 사람들에게 자랑삼으려는 것은 결코 아니다. 다만 『내칙(內則)』 같은 속에 빠져 있는 내용을 갖추려는 의도뿐이다. 책 이름을 『태교신기(胎教新記)』라 한 까닭도 바로 여기에 있다.

女範曰, 上古賢明之女 有娠 胎教之方必愼. 今考之諸書 其法莫有詳焉 自意求之蓋 或可知矣. 余以所嘗試於數四娠育者 錄爲一編 以示諸女 非敢擅自著述 夸耀人目. 然猶可備 內則之遺闕也. 故名之曰 胎教新記.

1) 여범(女範): 중국 명(明)나라 때, 유(劉) 부인이 지은 책 이름. 여인들이 교양으로 갖춰야 될 예의범절(禮儀範節)을 담아 엮은 책.

제1장 태교의 이치

사람의 성품은 하늘을 근본으로 삼아 이루어지고 기질은 부모로부터 받아 이루어진다. 부모로부터 타고나는 후천적인 기질이 편벽(偏僻)[2]되면 편벽될수록 그 기질은 하늘로부터 타고나는 선천적인 성품을 가리고 매어 나쁜 방향으로 몰고 간다.

그러니, 부모가 임신하여 태아를 양육함에 있어서 어찌 그 가르침을 소홀히 할 수 있겠는가?

人生之性 本於天 氣質成於父母 氣質偏勝馴 至于蔽性 父母生育 其不謹諸.

2) 편벽(偏僻): (마음이) 한쪽으로 치우침.

아비의 낳음, 어미의 기름, 스승의 가르침-이들은 모두 한 가지이다. 병을 잘 고치는 명의(名醫)는 병이 생겨나기 전에 미리 다스리고, 교육을 잘하는 사람은 태어나기 전에 가르치기 시작한다. 그러므로 태어나서 받는 스승의 십년 동안의 가르침은 태어나기 전 뱃속에서 받은 어미의 열 달 동안의 기름만 못하다. 그러나 어미의 열 달 동안의 기름은 아비의 낳음 하루만은 못하다고 한다.

父生之 母育之 師教之 一也. 善醫者 治於未病 善斅者 斅於未生 故師教十年 未若母十月之育 母育十月 未若父一日之生.

무릇 부모에게 고하고, 중매하는 사람에게 청하고, 일하는 사람에게 명하여 엄숙히 육례(六禮)[3]를 갖춘 뒤라야 신성한 부부가 된다.

부부가 되면 항상 공경으로써 서로 대접하고 어떤 일이 있더라도 지나친 외설로써 대하지 않는다. 집안에서나 집밖에서나 입에 담지 못할 말은 하지 말아야 한다. 부부가 함께 거처하는 내실이 아니면 들어가 잠자지 않는다. 몸에 병이 나거나 상중에 있을 때에는 내실에도 들어가 자지 않는다.

夫告諸父母 聽諸媒氏 命諸使者 六禮備而後 爲夫婦. 日以恭敬 相接 無或以褻狎相加 屋宇之下 床席之上 猶有未出口之言焉. 非內寢 不敢入處 身有疾病 不敢入寢 身有痲布 不敢入寢.

3) 육례(六禮): 우리나라 전통 혼례에 따르는 여섯 가지 의식. 곧 납채(納采)·문명(問名)·납길(納吉)·납징(納徵)·청기(請期)·친영(親迎)을 일컫는 말.

또한 음(陰)과 양(陽)이 고르지 않고 천기가 떳떳하지 않으면 내실에 들어가 감히 편히 쉴 생각은 하지 않는다. 쓸데없는 욕정이 마음속에 싹트지 않도록 한다. 나쁜 기운이 몸에 붙지 않도록 조심한다. 그렇게 해서 자식을 낳게 하는 것이 한 아비의 도리인 것이다.

『시경(詩經)』[4]에 말하기를,

서로가 함께 내실에 있다한들 부끄럽지 아니하도다.

또 말하였다.

사람이 나타나지 않는다 해도 나를 보는 사람이 없다 하지 말라. 귀신이 오는 것은 아무도 헤아릴 수 없다 하더라.

陰陽不調 天氣失常 不敢宴息 使虛欲不萌于心 邪氣不設于體 以生其子者 父之道也. 詩曰, 相在爾室尙不愧 于屋漏無曰, 不顯莫子云覯 神之格思 不可度思.

4) 시경(詩經): 삼경(三經)의 하나. 춘추시대의 민요를 중심으로 하여 모은 중국 최고(最古)의 시집.

자식은 지아비의 성(姓)을 타고나기에 지아비의 성(姓)을 따르게 되어 있다. 따라서 임신 열 달 동안, 임신부는 감히 자기 몸을 마음대로 처신하지 못하는 것이다.

예가 아니면 보지 않는다. 예가 아니면 듣지 않는다. 예가 아니면 말하지 않는다. 예가 아니면 행동하지 않는다. 예가 아니면 생각하지 않는다. 마음가짐과 지각있는 행동은 다 예를 좇아서 행해야 함으로 마음이 모두 순수하고 정대(正大)[5]해야 한다. 이렇게 태아를 양육하는 것이 곧 어미의 도리인 것이다.

受夫之姓 以還之夫 十月不敢有其身. 非禮勿視 非禮勿聽 非禮勿言 非禮勿動 非禮勿思 使心知百禮 皆由順正 以育其子者 母之道也.

---

5) 정대(正大): ① 바르고 옳아서 사사로움이 없음.
② 공정(公正)하고 의젓함.

『여전(女傳)』6에는 다음과 같이 말하고 있다.

자식을 가진 임신부는 잠을 자도 몸으로 옆으로 눕지 않으며 앉아도 가장자리에 앉지 않는다. 몸을 세워도 삐딱하게 몸을 기울여 서지 않는다. 이상한 맛이 나는 음식은 먹지 않으며 맛좋은 음식이라도 떳떳하지 않으면 먹지 않는다. 편안한 자리라도 정당하지 않으면 앉지 않는다. 눈으로는 나쁘고 궂은 것들을 보지 않는다. 귀로는 음란한 소리를 듣지 않는다. 밤이 되면 고요한 마음으로 소경으로 하여금 『시경(詩經)』 같은 좋은 글을 외게 하여 들으며 공정한 일들을 묵상한다.

이렇게 하여 자식을 낳을 것 같으면 용모가 단정하고 재주 또한 다른 사람들보다 뛰어나리라.

女傳曰, 婦人姙子 寢不側 坐不偏 立不蹕 不食邪味 割不正不食 席不正不坐 目不視邪色 耳不聽淫聲 夜則令瞽誦詩道正事. 如此則生子 形容端正 才過人矣.

6) 여전(女傳): 중국 한(漢)나라 때, 유향(劉向)이 지은 『열녀전(烈女傳)』을 가리킴. 여인들이 알아 두어야 할 예의범절에 관한 내용으로 되어 있다.

자식이 자라서 총각머리[7]를 하게 될 나이에 이르면 훌륭한 스승에게 나아가서 배우게 된다. 이때 훌륭한 스승이란 입으로 가르치지 아니하고 몸으로써 가르치는 사람을 말한다. 그래서 스승의 도리란 배우는 사람으로 하여금 열심히 보고 배워 감화를 받도록 하는 것이다.

「학기(學記)」[8]에 다음과 같이 말하였다.

잘 가르치는 스승은 배우는 사람들로 하여금 자기의 뜻을 잇게 한다.

子長羈丱 擇就賢師 師教以身 不教以口 使之觀感而化者 師之道也. 學記曰, 善教者 使人繼其志.

---

7) 기관(羈丱): 총각(總角)머리를 함. 어린아이의 머리를 두 가닥으로 나누어 땋아서 머리의 양쪽에 뿔모양으로 자맨 것 또한 그 모양.

8) 학기(學記): 『예기(禮記)』의 한 편명(篇名)임.

이러한 까닭에 기운이 막히고 피가 엉기어 지각(知覺)이 맑지 못하면 그것은 곧 아비의 허물이요, 얼굴 생김생김이 모자라고 재주마저 넉넉하지 못하면 그것은 곧 어미의 허물이다.

일반적으로 자식의 못난 책임을 물어 보통 스승을 책망하지만, 그렇다고 스승이 잘 가르치지 못했다 해서 자식의 못난 책임까지 곧 스승의 허물일 수는 없는 것이다.

是故氣血凝滯 知覺不粹 不之過也. 形質寢陋 才能不給 母之過也. 夫然後責之師 師之不敎 非師之過也.

제2장 태교의 효능

무릇 나무는 가을에 태(胎)를 갖는다. 비록 가지가 얽히고 설켜 무성할지언정 그래도 나무는 곧게 뻗어가는 속성이 있다.

쇠는 봄에 태(胎)를 갖는다. 비록 굳세고 날카로울지언정 그래도 쇠는 흩어졌다 합하는 속성이 있다.

태(胎)라는 것은 곧 사람 성품의 근본이다. 일단 형상을 이루고 나서 그 뒤 형상을 가르친다는 것은 곧 나중 문제에 지나지 않는다.

夫木胎于秋 雖蕃廡 猶有挺直之性. 金胎于春 雖勍利 猶有流合之性. 胎也者 性之本也. 一成其形 而教之者末也.

남쪽지방에서 아기를 임신하면 그 아기의 입이 넓다고 한다. 그래서인지 남쪽지방의 사람들이 비교적 너그럽다든가 인자함을 좋아한다든가 하는 것 같다.

북쪽지방에서 아기를 임신하면 그 아기의 코가 오똑하다고 한다. 그래서인지 북쪽지방의 사람들이 비교적 굳세다든가 의기를 좋아한다든가 하는 것 같다.

아기의 타고난 기질은 곧 아기의 덕이라 할 수 있다. 열 달 동안, 뱃속에서 길러 자식을 얻는 데는 크고 많은 감동이 있게 마련이다.

그러므로 군자(君子)라도 수태(受胎)를 위해서라면 반드시 마음가짐을 크게 조심한다는 것이다.

胎於南方 其口闊 南方之人 寬而好仁. 胎於北方 其鼻魁 北方之人 倔强而好義. 氣質之德也 感而得乎 十月之養 故君子必慎之爲胎.

제3장 태교의 필요성

옛날 성왕(聖王)들에게도 태교법이 있었다. 아기를 가진 지 삼 개월이 되면 임신부는 별궁(別宮)[9]으로 나가서 따로 기거 하였다.

눈으로는 비껴보지 않는다. 귀로는 망령되어 듣지 않는다. 아름다운 음악소리, 맛좋은 음식[10]이 있다 할지라도 반드시 예로써 조절한다. 이렇게 삼가는 까닭은 태아를 사랑하기 때문뿐 아니라 그 태아를 일찍부터 교육시키는 것이 중요하기 때문이다.

古者聖王 有胎教之法 懷之三月 出居別宮. 目不邪視 耳不妄聽 音聲滋味 以禮節之 非愛也 欲其教之豫也.

9) 별궁(別宮): 다른 궁.

10) 자미(滋味): 좋은 맛 또는 맛이 좋고 몸에 영양이 되는 음식.

자식을 낳아서 기르되 그 조상들보다 똑똑하지 못하다면 그것은 불효이다. 그러므로 군자의 가르침을 태아 때부터 미리 잘 가르치고자 하는 것이다.

『시경(詩經)』에는 이렇게 노래하였다.

효자, 모자라지 아니함을 기리도다. 그 모자라지 아니함을 너에게도 내리도다.[11]

生子而不肖 其祖比之 不孝 故君子欲其教之豫也. 詩曰, 孝子不匱 永錫爾類.

11) 효자불궤 영석이류(孝子不匱 永錫爾類): '효자, 모자라지 아니함을 기리도다. 그 모자라지 아니함을 너에게도 내리도다'로 해석되며, 효자 아들에게서 또 효자가 나온다는 의미이다.

요즈음 임신한 여인들은 으레 괴이한 맛을 찾아 자기 입을 즐겁게 만든다. 또 서늘한 방에 거처함으로써 자기 몸을 편하게 하려고 한다.

한가로이 기거하면서도 즐길 일이 없어 심심하다며 남들에게 시켜 우스갯소리[12]까지 하게 하여 마냥 웃어대고 떠들며 즐기는 것이다. 그러다가는 집안 어른들을 속이게도 되며 마침내는 너무 오래 눕기도 하고 너무 자주 잠을 자기도 한다.

今之娠者 必食怪味 以悅口. 必處凉室 以泰體閑居無樂 使人諧語 而笑之始 則誑家人 終則久臥 恒眠. 誑家人 不得盡其養.

---

12) 해어(諧語): ① 농, 익살. ② 환담(歡談).

집안 어른들을 속인다면 태아를 양육하는데 정성을 다할 수 없고 너무 오래 눕고 너무 자주 잠자면 혈기마저 왕성할[13] 수 없게 된다. 따라서 자기 몸 조섭(調攝)[14]하는 것을 그릇치게 되고 남들도 또한 자기 대하는 것을 소홀히 하게 된다.

그렇게 되면 병나기도 쉽고 아기 낳기도 어려워진다. 태어난 자식은 어리석을 뿐만 아니라 가문마저 실추시킨다. 그렇게 된 뒤에는 결국 원망을 운명으로 돌리는 수밖에 없게 된다.

久臥恒眠 榮衛停息 其攝之也. 悖得之也 慢惟然故滋其病 而難其產. 不肖其子 而墜其家 然後歸怨於命也.

---

13) 영위(榮衛): 몸을 보양(保養)하는 혈기.

14) 조섭(調攝): 조리(調理). 몸을 보살피고 병을 다스림.

무릇 짐승들도 새끼를 배면 반드시 수컷을 멀리한다. 새들도 알을 품을 때는 반드시 먹는 것을 조절한다. 열매를 파먹는 나나니벌[15]도 새끼를 만들 땐 부디 자기 닮으라는 소리를 낸다고 한다.

그래서인지 새나 짐승의 생김생김이 다 그 어미를 닮고 있다. 하물며 사람에 있어서랴? 그 어버이를 닮지 않는다면 결국 새나 짐승만도 못한 것이 아니지 않겠는가.

그런 애태우는 마음 때문에 성인들도 태교를 하셨을 것이다.

夫獸之孕也 必遠其牡 鳥之伏也 必節其食 果蠃化子 尚有類我之聲. 是故禽獸之生 皆能肖母 人之不肖 或不如禽獸. 然後聖人有恒然之心 作爲胎教之法也.

---

15) 라(蠃): 나나니벌.

제4장 태교의 방법

태아는 오직 임신부 혼자서만 기르는 것이 아니다. 온 집안 사람들 모두가 항상 행동을 조심해서[16] 기르는 것이다.

분한 일 때문에 떠드는 얘기를 감히 임신부로 하여금 듣게 해서는 안 된다. 아기를 가진 임신부가 화낼까 걱정되기 때문이다.

또 흉사(凶事)[17] 때문에 나오는 얘기를 감히 임신부로 하여금 듣게 해서는 안 된다. 아기를 가진 임신부가 두려워할까 걱정되기 때문이다.

養胎者 非惟自身而已也. 一家之人 恒洞洞焉 不敢以忿事聞 恐其怒也. 不敢以凶事聞 恐其懼也.

16) 동동(洞洞): ① 질박하고 성실한 모양, 진실한 모양.
② 모든 행동을 조심해서 하는 모양.

17) 흉사(凶事): ① 불길한 일. ② 사람이 죽은 일.

난처한 일 때문에 생기는 얘기를 임신부로 하여금 듣게 해서도 안 된다. 아기를 가진 임신부가 근심할까 두렵기 때문이다.

또 급한 일 때문에 떠드는 얘기를 감히 임신부로 하여금 듣게 해서도 안 된다. 아기를 가진 임신부가 놀랄까 두렵기 때문이다.

임신부가 성내면 태아로 하여금 피를 병들게 하고 임신부가 두려워하면 태아로 하여금 정신을 병들게 한다. 임신부가 근심하면 태아로 하여금 기운을 병들게 한다. 임신부가 놀라면 태아로 하여금 지랄병[18]을 앓게 한다.

不敢以難事聞 恐其憂也. 不敢以急事聞 恐其驚也. 怒令子病血 懼令子病神 憂令子病氣 驚令子癲癎.

18) 전간(癲癎): 지랄병. 간질(癎疾). 갑자기 몸이 뒤틀리거나 까무라치는 따위의 증상을 일으키는 질병.

친구와 함께 오래 있으면 말할 것도 없이 그 친구의 사람됨마저 배우게 된다. 하물며 어미의 뱃속에 열 달 동안 머물러 있는 태아야 오죽하겠느냐. 어찌 어미로부터 배우는 것이 없겠는가?

자식은 어미로부터 칠정(七情)[19]까지 본받게 된다. 그러므로 임신부를 접대하는 도리에는 임신부로 하여금 지나치게 기쁘다든가 화낸다든가 슬프다든가 즐겁다든가 하게 하는 감정표현을 갖지 않고 조절할 수 있도록 도와주는 것도 있다. 더구나 일상범절에서 지나친 것은 더욱 나쁘다.

學友久處 猶學其爲人 況子之於母 七情肖焉 故待姙婦之道 不可使喜怒哀樂 或過其節.

19) 칠정(七情): 사람의 일곱 가지 감정. 곧 기쁨(喜)·노여움(怒)·슬픔(哀)·두려움(懼)·사랑(愛)·미움(惡)·욕심(慾).

그러므로 임신부의 곁에는 항상 착한 사람이 있어 임신부의 거동을 돕고 심지(心志)[20]를 기쁘게 해주며 임신부로 하여금 본받을 말, 법받을 일에 관하여 계속해서 들을 수 있도록 하는 것이 좋다.

그렇게 하면 임신부에겐 게으르다든가 도리에 어긋나고 한쪽에 치우치는 마음[21]이 자연 생겨날 수 없다. 임신부를 잘 대접해야 하는 까닭도 여기에 있는 것이다.

是以姙婦之旁 常有善人 輔其起居 怡其心志 使可師之言 可法之事 不聞于耳. 然後惰慢邪僻之心 無自生焉 待姙婦.

---

20) 심지(心志): ① 뜻한 바를 이루려고 하는 의지.
② 마음으로 뜻하는 바, 즉 마음속에 지닌 뜻.

21) 사벽(邪僻): 도리에 어긋나고 한쪽에 치우치는 마음.

임신한 지 삼 개월이 되면 비로소 형상이 갖추어지기 시작하여 마치 서각(犀角)[22]의 무늬처럼 변형된다.

그때 임신부들은 귀인(貴人), 호인(好人), 백옥(白玉)[23], 공작(孔雀) 등과 같이 빛나고 아름다운 것들을 보는 것이 좋다. 또 성현들이 가르치고 훈계한 글들을 읽고 신선들이 대관(戴冠)[24]하고 패옥(佩玉)[25]을 차던 그림들을 보는 것이 좋다.

姙娠三月 形象始化 如犀角紋 見物而變 必使見貴人 好人白璧 孔雀 華美之物. 聖賢訓戒之書 神仙冠佩之畵.

22) 서각(犀角): 무소의 뿔. 성질이 차고 살균하는 힘이 강하여 좋은 약재로 쓰임.

23) 백벽(白璧): 빛깔이 흰 구슬. 백옥(白玉).

24) 대관(戴冠): 대관식에서 제왕이 왕관을 받아 머리에 쓰는 것을 말함. 여기서는 신선(神仙)의 대관을 가리킴.

25) 패옥(佩玉): 제왕에게 뵈러 나갈 때 갖추는 금관조복(金冠朝服)의 좌우에 늘어뜨리는 옥줄을 뜻함. 여기서는 신선(神仙)의 패옥을 가리킴.

그와는 달리 임신부들은 광대놀이[26], 난쟁이 놀이[27], 원숭이 놀이[28], 희롱[29], 싸움 같은 장면은 보지 않는 것이 좋다. 더구나 형벌, 속박, 죽임, 해 끼침, 병신, 몹쓸 병이 있는 사람, 무지개[30], 벼락, 번개, 일식, 월식[31], 운석(隕石)[32], 혜성(彗星)[33], 수재[34], 화재, 꺾어진 나무, 무너진 집, 새·짐승들의 음란한 행위, 질병, 상처 및 더럽고 흉측한 벌레 등을 보지 않는 것이 더욱 좋다.

不可見倡優 侏儒 猿猴之類 戲謔 爭鬪之狀 刑罰束縛 殺害之事 殘形 惡疾之人 虹霓 震雹 日月薄蝕 星隕 彗孛 水漲 火焚 木折 屋崩 禽獸淫泆 病傷 及汚穢 可惡之蟲.

---

26) 창우(倡優): 광대놀이.

27) 주유(侏儒): 난쟁이 놀이.

28) 원후(猿猴): 원숭이 놀이.

29) 희학(戲謔): 실없는 말로 농지거리 함. 희롱.

30) 홍예(虹霓): 무지개.

31) 일월박식(日月薄蝕): 일식과 월식.

32) 운석(隕石): 우주진(宇宙塵)이 떨어질 때, 지구의 대기 중에서 타버리지 못하고 땅 위에 떨어진 것.

33) 혜패(彗孛): 혜성. 태양을 초점으로, 긴 꼬리를 끌고 타원이나 포물선 또는 쌍곡선의 궤도를 그리며 운동하는 천체. 꼬리별.

34) 수창(水漲): 물이 차고 넘침.

귀로 듣는 것에도 임신부가 지켜야 할 도리가 있다.

사람의 마음은 소리를 들으면 감동한다. 태아도 마찬가지이다. 따라서 임신부가 들으면 나쁠 것이 있다. 음란한 풍악소리, 난잡한 노랫소리, 시장바닥의 잡된 소리, 아녀자들의 다툼소리, 그리고 술주정, 욕설, 슬픈 곡소리 등이 바로 그것이다.

비복들로 하여금 집 밖의 먼 곳으로부터 이치에 어긋나는 말을 듣고 들어와 전하지 못하게 한다. 마땅히 시(詩)를 읊는다든가, 글을 읽는다든가 하는 소리를 들려주는 게 좋다. 아니면 거문고나 비파소리를 들려주는 것도 좋다.

人心之動 聞聲而感姙婦 不可聞淫樂 淫唱 市井喧嘩 婦人誶罵 及凡醉酗忿辱 哀哭之聲. 勿使婢僕入傳 遠外無理之語. 惟宜有人 誦詩說書 不則彈琴瑟.

의사의 말을 좇아 약을 복용하면 병을 낫게 하는 데는 족할지 모른다. 그러나 자식의 얼굴을 예쁘게 낳는 데는 약 복용하는 것만으로는 될 수 없다.

물을 뿌려 깨끗이 청소한 방안에 조용히 앉아 있으면 태아를 편하게 하는 데는 족할지 모른다. 그러나 자식을 훌륭한 인재로 만드는 데는 조용히 앉아있는 것만으로 될 수 없다.

자식은 피로 인하여 성장하고, 마음으로 인하여 움직인다. 따라서 마음이 바르지 못하면 자식 또한 바르게 성장하지 못한다.

延醫服藥 足以止病 不足以美子貌 汎室靜處 足以安胎 不足以良子材. 子由血成 而血因心動 其心不正 子之成亦不正.

따라서 임신부의 도리는 공경하는 마음속에도 있다.

혹시나 사람을 해친다든가 생물을 죽인다든가 하는 생각을 갖지 말라. 간사, 탐욕, 절토, 투기, 훼방 같은 생각을 가슴속에 싹[35] 틔우지 말라.

그렇게 해야만 망령된 말이 입에서 나올 수 없고, 모자라는 빛이 얼굴에 일어날 수 없다. 만약 잠깐 동안이라도 공경하는 마음을 잊으면 이미 태아의 피는 잘못될 것이다.

姙婦之道 敬以存心. 毋或有害人 殺物之意 奸詐貪竊 妬毁之念 不使蘖芽於胸中. 然後口無妄言 面無歉色. 若斯須忘敬 己失之血矣.

---

35) 얼아(蘖芽): 싹.

언어생활 속에도 임신부의 도리가 있다.

분하다고 모진 소리를 내지 말라. 성난다고 몹쓸 말을 하지 말라. 말할 때 손짓하지 말라. 웃을 때 잇몸[36]을 보이지 말라. 여러 사람과 함께 있을 때 희롱하지 말라. 몸소 비복들을 꾸짖지 말라. 몸소 닭이나 개를 꾸짖지 말라. 다른 사람을 속이지 말라. 다른 사람의 인품을 훼손시키지 말라. 귓속말로 속삭이지 말라. 근거없는 말은 전하지 말라. 당치않은 일에는 깊이 간여하지 말라.

妊婦言語之道. 忿無厲聲 怒無惡言 語無搖手 笑無見矧 與人不戲言 不親詬婢僕 不親叱鷄狗 勿誑人勿毁人 無耳語 言無根勿傳 非當事勿多言.

---

36) 신(矧): 잇몸, 치근.

임신부가 거처와 태아를 기르는 데 조심하지 않으면 태아의 안위보존이 위태롭다.

임신하면 남편과 아내는 같은 잠자리에 들지 않는다. 너무 두텁게 옷을 입지 않는다. 너무 배부르게 음식을 먹지 않는다. 너무 오랫동안 잠자거나 누워 있지 않는다. 잠깐씩이라도 때때로 걸어야 한다. 너무 차가운 곳에 앉지 않는다. 너무 더러운 곳에 앉지 않는다. 나쁜 냄새를 맡지 말라. 높은 뒷간엔 오르지 말라.

居養不謹 胎之保危哉 姙婦旣姙 夫婦不同寢 衣無太溫 食無太飽 不多睡臥 須時時行步 不坐寒冷 不坐穢處. 勿聞惡臭. 勿登高廁.

밤에 외출하지 말라. 바람 불고 비오는 날에도 외출하지 말라. 산과 들에 가지 말라. 우물과 옛 무덤을 엿보지 말라. 옛 사당에 들어가지 말라. 높은 곳에 오르지 말라. 깊은 곳에 임하지 말라. 험한 곳을 지나가지도 말라. 무거운 짐을 들지 말라. 수고로이 힘을 써 마음 상하지 말라. 함부로 침과 뜸을 맞지 말라. 함부로 탕약을 복용하지 말라.

늘 마음을 맑게 갖고 항상 고요히 거처한다. 적절히 따사롭고 화기로워야 한다. 머리, 몸, 입, 눈도 한결같이 단정해야 한다.

夜不出門 風雨不出 不適山野. 勿窺井塚 勿入古祠 勿升高臨深. 勿涉險 勿擧重 勿勞力過傷 勿妄用鍼灸 勿妄服湯藥 常宜淸心 靜處 溫和適中 頭身口目端正.

임신부는 다른 사람에게 일을 맡겨 처리하되, 굳이 맡길 사람이 없을 때에는 자기가 해낼 만한 일을 가리어 하는 것이 좋다.

임신부는 직접 누에도 치지 않는다. 몸소 베틀에 오르지 않는다. 바느질도 반드시 삼가, 바늘에 찔려 손가락이 상하도록 하면 안 된다.

밥 반찬 만들 때도 반드시 조심하여 혹시나 그릇을 떨어뜨려 깨뜨리지 않도록 해야 한다. 찬물과 찬 장국[37]이 손에 묻지 않도록 한다. 예리한 칼을 쓰지 말라. 칼로 산 것을 자르지 말라. 부득이 잘라야 할 때는 모가 바르게 나도록 해야 한다.

姙婦苟無聽事之人 擇爲其可者而已. 不親蠶功 不登織機 縫事必謹 無使鍼傷手 饌事必謹 無使器墜破 水漿寒冷 不親手. 勿用利刀 無刀割生物 割必方正.

---

37) 장(漿): 미음, 음료.

임신부는 앉는 것도 반드시 단정해야 한다. 몸을 기울여 앉지 않으며 바람벽에 기대어 앉지도 않는다. 또한 발을 뻗고 앉지 않는다. 아무데나 걸터앉지도 않는다. 마루 모퉁이에도 앉지 않는다.

앉은 채 높은 곳에 있는 물건을 내리지 않는다. 또 선 채로 땅에 있는 물건을 집어올리지도 않는다. 왼쪽에 있는 것을 오른쪽 손으로 집지 않으며 오른쪽에 있는 물건을 왼쪽 손으로 집지 않는다. 어깨 너머로 돌아보지 않는다. 만삭[38]이 되면 달을 넘겨도 머리를 감지 않는다.

姙婦端坐. 無側載 無恃壁 無箕 無踞 無邊. 堂坐不取高物 立不取在地. 取左不以右手 取右不以左手. 不肩顧. 彌月不洗頭.

---

38) 미월(彌月): 달을 넘김. 다음달에 걸침. 여기서는 만삭을 의미함.

임신부는 서 있거나 다닐 때, 온 힘을 한쪽 발에다가만 주지 않는다. 기둥에 의지하지 않는다. 위태로운 곳을 딛지 않는다. 좁은 길을 지나지 않는다.

층계를 오를 땐 반드시 서서 올라가고 내릴 땐 반드시 앉아서 내려온다. 급하게 달리지도 않고 급하게 뛰어 건너지도 않는다.

姙婦或立或行 無任一足. 無倚柱 無履危 不由仄逕升必立 降必坐. 勿急趨 勿躍過.

임신부가 지켜야 할 도리는 잠자고 눕는 데에도 있다.

잠잘 때에는 엎드려 자지 않는다. 누울 때에는 천장을 올려다보며 똑바로 눕지 않는다. 몸을 굽혀서 누워도 안 되고 문틈을 향해서 누워도 안 된다.

한데에 눕지 않는다. 또 몹시 춥거나 몹시 더울 때에도 낮잠을 자지 않는다. 너무 배불리 먹고 잠자도 안 된다. 만삭이 되면 옷을 포개어 옆구리를 괴고 반밤은 왼편으로 눕고, 반밤은 오른편으로 눕는 것을 법으로 삼아 지켜야 한다.

姙婦寢臥之道. 寢毋伏 臥毋尸 身毋曲 毋當隙 毋露臥 大寒大暑 毋晝寢 毋飽食而寢. 彌月則積衣支旁而半夜左臥 半夜右臥 以爲度.

임신부가 지켜야 할 도리는 음식을 먹는 데에도 있다.

모양이 바르지 않은 과실이나 벌레먹은 과실 또는 썩어서 떨어진 과실은 먹지 않는다. 오이[39]나 상추 같은 생채도 먹지 않는다. 음식이 너무 차가워도 먹지 않는다.

쉬어서 냄새나는 밥[40]이나 썩어 문드러진 생선[41]은 먹지 않는다. 빛깔이 나쁜 음식이나 냄새가 고약한 음식[42]도 먹지 않는다. 익지 않은 음식도 먹지 않는다. 또 때 아닌 음식은 먹지 않는다.

姙婦飮食之道. 果實形不正食 蟲蝕不食 腐壞不食 瓜蓏生菜不食 飮食寒冷不食. 食饐而餲 ,魚餒而肉敗不食 色惡不食 臭惡不食 失飪不食. 不時不食.

39) 과라(瓜蓏): 오이.

40) 식의(食饐): 밥이 쉼.

41) 어뇌(魚餒): 썩어 문드러진 고기.

42) 실임(失飪): 덜 익음, 도는 덜 익은 음식.

고기가 비록 많더라도 밥보다 더 많이 먹어서는 안 된다. 술을 마셔도 안 된다. 만약 술을 마시면 모든 혈맥이 다 놀라 흩어진다. 당나귀나 말고기 그리고 비늘이 없는 생선을 먹으면 해산하기가 어렵다.

엿기름[43]과 마늘[44]은 태를 삭히기 쉽고 비름나물[45]과 메밀[46] 그리고 율무[47]는 낙태의 위험이 있다. 마(著)[48], 몽당무[49], 복숭아는 태아에게 좋지 않다. 개고기를 먹으면 자식이 소리를 내지 못한다. 토끼고기를 먹으면 자식이 언청이[50]가 된다. 방게[51]를 먹으면 자식이 거꾸로 나온다.

43) 맥아(麥芽): 엿기름.

44) 호산(葫蒜): 마늘.

45) 현채(莧菜): 비름나물.

46) 교맥(蕎麥): 메밀.

47) 의이(薏苡): 율무.

48) 서여(薯蕷): 마.

49) 선복(旋葍): 몽당무, 즉 못생긴 무를 뜻함.

50) 결순(缺脣): 언청이.

51) 방해(螃蟹): 방게.

肉雖多不使勝食. 氣服酒散百脈. 驢馬肉無鱗魚難產, 麥芽 葫蒜消胎. 莧菜 薏苡墮胎. 薯蕷 旋葍桃實不宜子. 狗肉子無聲. 兎肉子缺脣. 蚄蟹子橫生.

양의 간을 먹으면 자식에게 우환이 많다. 닭고기와 달걀을 찹쌀에 어우르면 자식에게 촌백충(寸白蟲)[52]이 생긴다. 오리고기와 오리알을 먹어도 자식이 거꾸로 나온다. 참새고기를 먹으면 자식이 음란해진다.

생강싹을 먹으면 자식에게서 육손이 나온다. 메기[53]를 먹으면 자식이 감창병[54]을 앓는다. 산양의 고기를 먹으면 자식에게 질병이 많다.

버섯을 먹으면 자식에게 경풍기가 있고 요절하기 쉽다. 계피나 마른 생강을 양념으로 넣지 말라. 노루고기나 말고기로 곰국[55]을 끓여 먹지 말라. 쇠무릎[56]이나 귀전(鬼箭)[57]으로 나물반찬을 만들지 말라.

---

52) 백충(白蟲): 촌백충(寸白蟲). 촌충.

53) 점어(鮎魚); 메기.

54) 감창병(疳瘡病): 피부에 자꾸 부스럼이 생기는 병.

55) 학(臛): 고깃국.

56) 우슬(牛膝): 쇠무릎. 나물의 한 종류.

57) 귀전(鬼箭): 나무 이름의 하나. 그 나무의 잎사귀를 모아 나물반찬을 만들어 먹을 수 있음.

羊肝子多厄. 鷄肉及卯合糯米 子病白蟲. 鴨肉及卯 子倒生. 雀肉子淫. 薑芽子多指. 鮎魚子疳蝕. 山羊肉子多病. 菌蕈子驚而夭. 桂皮乾薑 勿以爲和. 獐肉馬刀 勿以爲臛. 牛膝鬼箭 勿以爲茹.

자식이 단정하기를 원한다면 잉어[58]를 먹는다. 자식이 슬기롭고 힘세기를 원한다면 소의 콩팥과 보리를 함께 섞어 먹는다. 자식이 총명하기를 원한다면 해삼[59]을 먹는다. 해산한 후에는 가능한 새우[60]와 미역[61]을 많이 먹는 것이 좋다.

임신부가 해산할 때가 되면 음식을 든든히 먹어야 한다. 몸이 무거워도 자주 천천히 걸어다녀야 한다. 이 사람 저 사람 아무나 접근시키면 안 된다. 자식을 보아줄 사람은 반드시 가려야 한다. 통증이 심해도 몸을 비틀지 않는다. 반듯하게 누우면 해산하기가 쉽다.

欲子端正 食鯉魚. 欲子多智有力 食牛腎與麥. 欲子聰明 食黑蟲. 當產食蝦與紫菜. 姙婦當產 飮食充如也. 徐徐行頻頻也. 無接雜人 子師必擇 痛無抽身 偃臥則易產.

---

58) 이어(鯉魚): 잉어.

59) 흑충(黑蟲): 해삼.

60) 하(蝦): 새우.

61) 자채(紫菜): 김, 청태, 미역 따위.

아기를 배면 어미의 혈맥이 태아와 이어 붙는다. 따라서 어미의 숨 쉼에 따라 태아도 움직인다. 어미의 기쁘고 성내는 감정은 자식의 성품이 된다. 어미의 보고 듣는 것은 자식의 총명이 된다. 어미의 춥고 따뜻한 것은 자식의 기운이 된다. 어미의 마시고 먹는 것은 자식의 살이 된다. 그러니 임신하면 어찌 근신하지 않을 수 있겠는가?

腹子之母 血脈牽連 呼吸隨動 其所喜怒 爲子之性情. 其所視聽 爲子之聰明. 其所寒暖 爲子之氣候. 其所飮食 爲子之肌膚. 爲母者 曷不謹哉.

제5장 태교의 중요성

태교를 알지 못하면 훌륭한 어미가 될 수 없다. 어미가 되는 데에는 반드시 마음을 바르게 가져야 한다. 마음을 바르게 갖는 데에는 삼갈 일이 있다.

보고 듣는 것을 삼가야 한다. 앉고 서는 것을 삼가야 한다. 잠자고 먹는 것도 아무렇게나 하지 말아야 한다. 모든 일에 삼가면 태교는 무던히 이루어질 것이다.

잡됨이 없다는 것은 마음을 바로 갖는 데 가장 필요한 공이 되는 것이니 진정 삼가지 않을 수 있겠는가?

不知胎教 不足以爲人母. 必也正心乎 正心有術謹. 其見聞謹 其坐立謹 其寢食無雜焉 則可矣. 無雜之功 裕能正心 猶在謹之而已.

어찌 열 달 동안의 수고로움을 꺼려해서 똑똑치 못한 자식을 낳고, 그 자식이 스스로 소인배나 되게 하는 그러한 어미가 될 수 있겠는가?

어찌 열 달 동안의 공부를 열심히 시켜 어진 자식을 낳고 그 자식을 스스로 군자가 되게 하는 그러한 어미가 되지 않겠는가?

이 두 가지는 태교로 말미암아 생긴 것이다.

寧憚十月之勞 以不肖其子 而自爲小人之母乎. 曷不强十月之功 以賢其子 而自爲君子之母乎. 此二者 胎敎之所由立也.

그러므로 옛 성인들이라고 해도 또한 사람에 있어서는 어찌 커다란 차이가 있으랴? 그 두 가지에서 한 가지를 버리거나 취하거나 할 뿐이다.

『대학(大學)』[62]에 다음과 같이 말하였다.

진실한 마음으로 구하면 비록 알맞지 않더라도 거기에서 그렇게 멀지 않다. 자식 기르는 것을 배운 후에 시집간 자는 일찍이 있지 아니하였다.

古之聖人 亦豈大異於人者 去取於斯二者而已矣. 大學曰, 心誠求之 雖不中 不遠矣. 未有學養子 而后嫁者也.

---

62) 대학(大學): 사서(四書) 가운데 하나.
공자의 손자인 자사(子思)가 지은 책.

어미가 되고서 태를 기르지 않는 것은 아직 태교에 관해 알지 못하기 때문이다. 만약 태교에 관해 알면서도 실행하지 않는다면 그것은 바로 하지 않겠다는 것과 같다.

천하의 일이란 꼭 하겠다면 이루어지고 하지 않으려하면 잘못되어진다. 어찌 꼭 하겠다는 데 안 되는 일이 있겠는가? 어찌 꼭 하지 않겠다는 데 그릇되지 않을 일이 없겠는가?

꼭 하겠다면 이루어지는 법이니 비록 어리석어도 아무 어려운 일이 없다. 그러나 꼭 하지 않겠다면 그릇되어지는 법이다. 아무리 슬기로워도 쉬운 일이란 없다. 그러니, 어미된 자가 태교를 힘쓰지 않을 수 있겠는가?

『시경(詩經)』에 말하였다.

알지 못 한다 핑계 삼아 말하려 한들, 이미 품에 자식을 안았도다.

爲母而不養胎者 未聞胎教也. 聞而不行者 畫也. 天下之物 成於强 隳於畫 豈有强而不成之物也. 豈有畫而不隳之物也. 强之斯成矣. 下愚無難事矣. 畫之斯隳矣. 上智無易事矣. 爲母者 可不務胎教乎. 詩曰, 借曰未知 亦旣抱子.

제6장 태교의 당위성

태아를 기르는데 조심하지 않는 데서 오는 착오가 어찌 자식의 재주 없음뿐이겠는가?

그 생김도 온전할 수 없고 질병도 심히 많게 된다. 또 심하면 낙태의 위험도 있고 해산도 어려워진다. 그리고 비록 아기를 낳는다 해도 금방 죽게 되고 만다.

이는 진실로 다 태아를 잘못 길렀기 때문이다. 그러니 감히 말하되, 어찌 나 몰라라 할 수 있겠는가?

『서경(書經)』[63]에 말하기를,

하늘이 지은 재앙은 피할 수 있으나, 자신이 지은 재앙은 빠져나갈 수 없다네.

---

63) 서경(書經): 삼경(三經) 가운데 하나. 상서(尙書). 중국의 요순(堯舜) 시대부터 주(周)대 이르기까지의 정사(政事)에 관한 문헌을 수집하여 공자가 편찬.

養胎不謹 豈惟子之不才哉. 其形也不全 疾也孔多 又從而墮胎難產. 雖生而短折. 誠由於胎之失養. 其敢曰我不知也. 書曰, 天作孽 猶可違 自作孽 不可逭.

제7장 사술(邪術)[64]의 경계

이제 임신한 집에서 소경이나 무당을 불러다가 부적[65]을 붙이고 진언(眞言)을 외우며 푸닥거리를 한다. 또 불사(佛事)[66]로 승려에게 시주를 한다.

이런 것들이 나쁜 술수라는 생각을 알지 못하고 행하게 되면 역기운(逆氣運)이 따르고 역기운이 그 형상을 이루게 되면 길한 일이 없다는 것을 잘 알아야 한다.

今之姙子之家 致瞽人巫女 符呪祈禳 又作佛事舍施僧尼. 殊不之邪僻之念 作而逆氣應之 逆氣成象 而罔攸吉也.

64) 사술(邪術): ① 요사스러운 술법. ② 못된 술법.

65) 부적(符籍): (악귀나 잡신을 쫓아내기 위해) 붉은색으로 야릇한 글자나 모양을 그린 종이.

66) 불사(佛事): 불가(佛家)에서 하는 행사.

질투가 강한 성품을 지닌 사람은 여러 첩을 거느려 자식 두는 것을 몹시 꺼린다. 혹 같은 방에 두 임신부가 있으면 그 두 사람이 비록 손윗 동서와 손아래 동서[67] 사이라 해도 서로 용납하지 못할 것이다.

마음가짐이 이와 같고서야 어찌 자식이 태어나 재주 있다든가 또는 오래 살 수 있다든가 하겠는가?

내 마음은 곧 하늘이다. 마음이 착하면 하늘 주심도 착하고, 하늘 주심이 착하면 자손에게도 미쳐 착해지는 것이다.

『시경(詩經)』에 말하였다.

착하고 순한 사람에게는 구하는 복이 돌아서지 않는다.

性妬之人 忌衆妾有子, 或一室兩姙婦 姒娣之間 亦未相容. 持心如此 豈有生子 而才且壽者. 吾心之天也. 心善而天命善 天命善而及于子孫. 詩曰, 豈弟君子求福不回.

---

67) 사제(姒娣): ① 손윗동서와 손아랫동서.
② 언니와 동생.

제8장 태교의 비유

어떤 의사가 말하기를,

어미가 찬병을 얻으면 아이도 차가워지고, 어미가 더운 병을 얻으면 아이도 더워진다고 하였다.

이러한 이치를 알면 자식이 어미에게 달려 있음을 알게 된다. 그것은 마치 오이가 넝쿨에 달려 있는 것과 똑같다. 불거나 마르거나 설거나 익거나 하는 것은 모두 다 그 뿌리가 물에 젖어 있느냐 아니면 물에 젖어 있지 않느냐에 달려 있다.

나는 일찍이, 어미가 자기 자신도 제대로 조섭하지 못하면서 태아를 잘 기른 것을 보지 못했다. 그리고 태아를 잘 기르지 못했으면서 태어난 자식이 재주있다든가 또한 장수한다든가 하는 것도 보지 못하였다.

醫人有言 曰, 母得寒 兒俱寒 母得熱 兒俱熱. 知此理也 子之在母 猶孤之在蔓 潤燥生熟 乃其根之灌 若不灌也. 吾未見母身不攝 而胎能養 胎不得養 而子能才 且壽者也.

쌍둥이[68]의 얼굴 모양이 똑같음은 진실로 태의 기름이 같기 때문이며, 같은 나라 사람들의 습관과 숭상하는 것이 서로 가까움은 결국 태를 기를 때 먹는 음식물에 대한 가르침 때문이다. 또한 같은 조상의 자식들이 그 기품이나 골격이 서로 가까운 것도 태를 기를 때 보고 듣는 것에 대한 가르침 때문이다.

이 세 가지는 모두 태교로 말미암아 나타나는 결과라 하겠다.

군자가 이미 태교의 이와 같음을 알고 또 그것을 밝혀놓고서도 오히려 실행하지 못하였으니 내 아직 그것을 알 수 없다.

孿子面貌 必同 良由胎之養 同也. 一邦之人 習尙相近 養胎之食物爲敎也. 一代之人 品格相近 養胎之見聞爲敎也. 此三者 胎敎之所由見也. 君子旣見胎敎之如是 其皦而猶不行焉 吾未之知也.

---

68) 산자(孿子): 쌍둥이.

제9장 옛사람들의 태교

태아를 가르치지 못한 것은 오직 주(周)나라 말기 때의 폐단이었다.

옛날에는 태교의 도리를 옥으로 만든 널판에 글로 써서 금궤에 넣어가지고 사용했다. 또 종묘 같은 곳에 두고서 그것을 후세 사람들로 하여금 경계로 삼도록 하였다.

胎教不教 其惟周之末廢也. 昔者 胎教之道 書之玉版 藏之金櫃 置之宗廟 以爲後世戒.

그러므로 태임(太任)[69]이 문왕(文王)을 배었을 때, 눈으로는 궂은 모습을 보지 않았다고 한다. 귀로는 음란한 소리를 듣지 않았다고 한다. 입으로는 오만스러운 말을 하지 않았다고 한다. 그렇게 해서 태어난 문왕은 총명하고 성스러워 태임이 한 가지를 가르치면 백 가지를 알았기에 마침내 주나라의 으뜸 임금이 되었다.

읍강(邑姜)[70]도 뱃속에 성왕(成王)을 배었을 때 설 때도 기우뚱거리지 않았고 앉아서도 몸을 한쪽으로 기울이지 않았다. 혼자 있을 때에도 걸터앉지 않았다.

비록 성나도 다른 사람을 꾸짖지 않았으니 이것이 바로 올바르게 태교를 행하는 것이다.

故太姙娠文王 目不視邪色 耳不聽淫聲 口不出敖言 生文王而明聖. 太任教之 以一而識百 卒爲周宗. 邑姜姙成王於身立而不跛 坐而不蹉 獨處而不踞. 雖怒而不詈 胎教之謂也.

69) 태임(太任): 주(周)나라 문왕(文王)의 어머니이며 지(摯)나라 임(任) 씨의 딸이다. 주나라 태왕의 막내아들인 왕계(王季)가 아내로 맞아 왕비로 삼음.

70) 읍강(邑姜): 주(周)나라 문왕(文王)의 아내이며, 성왕(成王)의 어머니.

제10장 태교의 목적

한(漢)나라 『가의신서(賈誼新書)』[71] 편명(篇名)으로 나오는 「태교」에는 다음과 같이 말하고 있다.

태교는 본래 자손들을 위해 이루어진다. 결혼한 아내와 시집가는 딸에게는 꼭 알도록 선택되어지는 것이다. 그래서 효도롭고 공손토록하며 대대로 의로운 일을 행하도록 하는 내용이 가리어져 있기도 하다.

군자의 가르침은 본래 태교의 이루어짐보다 앞섬이 없다. 그런데도 태교에 관한 그 책망은 곧 부인들이 들어왔다. 그러므로 현명한 여인들은 변변치 못한 사람을 가려내어 가르치려는 것이다. 자손들이 잘못될까봐 염려스러워지기 때문이다. 따라서 진실로 성인의 도리에 사무치려는 사람이 아니고서는 그 누가 능히 여기에 참여할 수 있겠는가?

71) 가의신서(賈誼新書): 가의(賈誼)가 저술한 책이름.

胎教曰, 素成爲子孫 婚妻嫁女必擇 孝悌世世有行義者. 君子之敎 莫先於素成 而其責乃在於婦人 故賢者擇之不肖者 敎之所以爲子孫慮也. 苟不達聖人道者 其孰能與之.

발문(跋文) 1

어머니께서는 어렸을 때부터 경전을 두루 읽고 많이 익히셨다. 나의 외할아버지는 이렇게 말씀하셨다.

"옛날 유명한 선비의 어머니들을 보면 글 못하는 사람이 없었다. 네가 집에 있으면서 전철(前哲)[1]의 일상행동, 음식에 관한 모든 절차와 의술서 그리고 임신부의 금기사항을 모두 모으고 끝부분에 경전을 붙여서 어린애들까지 가르친다고 내가 들었다. 더욱이 문장의 어구들을 언문으로 쉽게 풀어서 한 권의 책으로까지 이루려 한다고도 들었다. 그렇다면 자손들이 그것에 관한 내용들을 잊지 않게 공부시키도록 해야 한다."

---

1) 전철(前哲): 사리에 밝고 인격이 뛰어난 옛 사람.

母氏在室 習經讀. 我外王考曰, 觀古名儒母 無無文者 吾且聽 汝及歸我家 裒取前哲起居 飮食諸節 曁醫書孕婦禁忌 末附經傳 可敎儒子句語解 以諺文成一冊 子爲勿忘之工.

나의 아버지께서도 손수 쓰신 책 목록에서 다음과 같이 말씀하셨다.

"『교자집요(教子輯要)』[2]로 불초한 사남매를 다 길렀다. 교자집요의 책자는 곧 어부가 고기통발[3]을 얻는 것과 같이 너희들에게 꼭 필요한 것이다. 이제 이십여 년의 세월이 흘렀지만 너희들 사남매들이 공부할 수 있도록 상자 속에 있던 것을 다시 꺼내 놓는다."

我先君子 手題卷目曰, 教子輯要 旣育不肖等四男女 冊子遂如得魚之筌. 二十有餘歲 復出四姊箱中.

2) 교자집요(教子輯要): 자녀들을 가르치기 위하여 필요한 요점만을 모아 놓은 책.

3) 통발(筒–): 물고기를 잡는데 쓰는 도구의 한 가지. 가는 댓조각이나 싸리 따위로 엮어서 통처럼 만듦.

『교자집요』를 보고 어머니는 이렇게 감탄하셨다.

"이 책의 요점은 스스로를 반성케 하는 것이다. 처음부터 그 요지대로 무엇이 얻어지는 것이 아니다. 너희가 짝을 만난 뒤 너희들 손 가까이에 두고 마음을 안정케 할 것이다. 그러니, 훼손되게 하거나 버리지 않도록 해야 한다.

무릇 아기를 잘 기르는 것도 하나의 공적이다. 아기가 태어난 지 삼 일이 되면서 기침을 하면 이름을 짓도록 준비하여야 된다.

母氏歎曰, 此書要以自省 初非以貽 後既偶存 到爾手定 不毁棄. 夫養蒙聖功 自三日咳 名以下備.

옛날부터 전해 내려오는 기록들을 보면, 별로 쓸모가 없는지라, 나는 다시 고치고 더 첨가시켜 뱃속에 있는 아이를 한번 가르쳐 보기로 하였다.

그런 글은 옛날에도 있었다. 그러나 오늘날에 와서는 전혀 찾아볼 길이 없다. 하지만 수천 년 동안 우리네 가정에서는 다 아녀자들이[4] 좇아 스스로 깨닫고 실행하여 왔던 것이다.

그런데도 재주있는 자식을 출산하는 데는 의당 옛날에 미치지 못하고 있다. 옛날에는 다만 정기의 변화가 그렇게 심하지 않았을 뿐이다.

見傳記無庸 吾更添 獨腹中一教. 古有其事 今無其文 己累千年 巾幗家咼從 自覺而行之. 宜生才不逮古 昔無徒氣化尤也.

---

4) 건괵(巾幗): 부인의 머리장식의 일종. 뜻이 점차 변하여 부인이나 부인들의 사회를 일컫는 말이 됨.

나는 여자로 태어나 글을 많이 읽지 못함을 매우 한스럽게 여겨왔다. 더욱이 선인들의 뜻에 미치지 못함을 두려워하기도 하였다. 그러면서도 네 번이나 태교를 시험하였다. 그렇게 해서 과연 너희들이 크게 그릇됨 없이 정기를 형성케 되었다고 본다.

집안에 이 글을 전하니 어찌 또한 도움이 있지 않겠느냐? 책 끝에 붙였던 부록은 빼어 버렸다. 다만 태아를 기르는 절목(節目)[5]만 되풀이해서 밝혀 드러내고 힘써 깨우치도록 하였다.

세상이 꽤나 미혹하기에 그 책의 이름을 『신기(新記)』라 붙였다. 그리고 옛날에는 주로 빼놓았던 『소의(少儀)』와 『내칙(內則)』의 내용을 좀 보완하기도 하였다."

吾自恨女子 無以致讀書 益更恐負先人意. 嘗試之胎教 凡四度 果爾曺形 氣無大盭 此書傳于家 豈不亦有助 於是 削去末附 兄取養胎節目 反覆發明務牖. 世迷 命之曰 新記 以補少儀內則舊闕也.

---

5) 절목(節目): 조목(條目). 정해놓은 법률이나 규정 따위의 낱낱의 조항이나 항목.

6) 신기(新記): 종래에 없었던 새로운 기록.

그렇게 하여 책으로는 일 년 뒤에 완성된 것이다. 이제 못난 내가 그 책의 장(章)·절(節)·구(句)에 주석과 음의(音義)를 붙이게 되었다.

그때 마침 어머니께서는 너무나 연로하셨던지 그날로 붓을 놓고 마셨다. 참으로 이상한 일이다. 말하고 또 말하지만, 삼가 슬프다는 말밖엔 더 할 말이 없다.

이 책을 살핀 뒤, 나는 내 스스로 마음 상함을 안 적도 있었다. 그것은 누구에게나 다 착한 인성이 있기 때문이었다. 그러나 군자(君子)도 오히려 자신으로 하여금 충실해지기를 재촉한다. 그런데 하물며 기질이 모자라고 깨끗하지 못한 사람에 있어서랴.

篇完後一年 不肖節章句釋音義. 適于母氏 劬勞日斷筆 亦異哉. 謹語一語 尾之曰嗚呼. 觀此書 然後知儆爲自賊也 爾人但有善性 猶君子責使其充 況氣質末始不粹乎.

이 책을 맨 처음으로 받은 사람은 나이다. 어머니께서 십 개월 동안 나를 가르쳐 주심은 그와 같이 지극하였으리라.

그 때문에 나는 어려서부터 조금이나마 남다른 바가 없지 않았다. 또 아버님을 여의고서도 지금에 이르기까지 거듭된 실패(낭패와 전복)를 한결같이 쉽게 되돌릴 수 있었다고 본다.

此書卽儆厥初受也. 爲敎十月如是其摯 儆在孩提不無少異 及孤以還狼狽焉 顚覆焉 一至今日焉.

오늘날 구차스러움을 추솔(追率)[7]할 수 있게 되었으니 어찌 이것이 내 부모님 덕택이 아닐 수 있으랴.

내가 스스로 마음 상해하던 때가 있었다. 그 까닭은 저희 부모님께서 애쓰신 그 수로움이 세상사람들로 하여금 태아 출산을 기만시키며 얼마가지 아니해서 다할까 봐서였다.

못난 자식이 어찌 자기의 부모를 속일 수 있겠는가? 이는 이 글이 진정 전해지지 않을 수 없다면 여러 사람들에게 이 글을 보여서 오히려 아무 수확도 없이 내 부모님께 해만 끼쳐드리는 것이 아닐까 걱정이 될 뿐이다.

순조(純祖) 원년 신유(辛酉) 삼월 이십칠일 계묘(癸卯)에 못난[8] 아들 경(儆)이 삼가 아뢰다.

今日鹵莽 豈由我父母 迺由儆自賊也 晦盡我父母勤勞 使世人譏生子. 不肖何我父母誣也. 此此書不可不傳 庶觀者憫我父母 菑無穫也.

純廟元年 辛酉 三月二十七日 癸卯 不肖儆 謹識.

---

7) 로망(鹵莽): 구차스러움을 달래어 추솔함.

8) 불초(不肖): 초(肖)는 〈닮음〉의 뜻. 그러므로 불초는 부모나 스승을 닮지 않아서 미련하다는 말. 또는 자기를 가리키는 겸칭(謙稱)으로 쓰인다.

발문(跋文) 2

무릇 사람을 가르치는 데는 여러 가지 방법이 있다.

어린아이로부터 장성하기까지 안으로는 현명한 부모의 가르침이 있고 밖으로는 엄한 스승과 친구의 유익함이 있다. 사람의 기질에는 변화하지 않는 것이 없어서 군자의 지위에 이르도록 하는 데에는 태교의 방법보다 더 좋은 방법이 있을 수 없다.

태교로는 주나라 때의 태임이 실행한 방법이 겨우 전할 뿐이다.

대체로 임신한 직후부터는 태아의 지각운동과 호흡천식과 배고프고 배부름, 춥고 따뜻함 등의 모든 조치가 다 어미를 따라 성품을 이어받게 된다. 그러니 태(胎) 중에는 어찌 가르치는 것이 좋은 방법의 책자가 없을 수 있겠는가?

우리 어머님께서는 경사(經史)[1]에 널리 통하셨고 모든 글들을 가리어 취하셨다. 더구나 의술에 관한 글이면 설사 속설(俗

說)[2]이라하더라도 가르침에 도움이 되는 것은 하나도 버리지 아니하셨다. 그렇게 해서 만들어진 이 글이 세상에 한번 나오게 됨에, 임신한 모든 여성들에게는 태아를 기르고 낳음에 게으름과 파리함, 그리고 잔병치레까지 모두 변하게 되었다. 뿐만 아니라 총명예지가 날로 더하여졌으니 어미가 어미노릇 하는 것이 얼마나 중요한가를 알 수 있을 것이다.

그러니, 어미의 공이 어찌 작다고 할 수 있겠는가. 이는 우리 어머님께서 사 남매를 낳아 기르실 때 실제로 체험하신 것이니, 이목구비에 부실함이 없을진대 어머님께서 체험하신 그 효험이 더욱 증명된다.

나의 이 말이 어찌 사사롭다고만 할 수 있겠는가? 높고 밝은 식견이 실로 보통사람들이 알지 못하는 일을 알게 하심이었다.

이 글을 보는 사람들은 마땅히 태교의 방법을 알게 될 것이다.

정오년 가을, 칠월 보름에 못난 큰딸이 삼가 발문을 지어 올리다.

---

1) 경사(經史): 경서(經書)와 사기(史記).

2) 속설(俗說): 1) 세간에 전해 내려오는 설이나 견해. 2) 속담.

大대凡범 사람 가라침이 術슐이 만흐니 童동蒙몽으로붓허 長장成셩함에 이라기에 안흐로 賢현父부兄형의 敎교導도와 밧그로 嚴엄邪사友우의 有유益익함이 無무非비變변化화 氣긔質질하야 君군子자의 地디位위에 이라게 함이로대, 至지於어胎태敎교之지方방은 周쥬之지太태任임이 겨오하나이시라. 大데低뎌 受슈胎태后후로붓허 子자息식의 知지覺각運운動동과 呼호吸흡喘텬息식과 飢긔飽포寒한暖난 等등 事사ㅣ라도 다 어미랄 따라 性셩稟품을 이루나니 그런즉 胎태中즁에 가라티난 배엇디 可가히 一일篇편 書셔ㅣ업아리오.

是싀故고로 우리 慈자闈위 ㅣ 博박通통經경史사하시고 採채摭쳑群군書셔하샤 芝지於어醫의鑑감 俗속說셜이라도 바리디 아니시니 이 글이 한번 나메 天텬下하에 懷회妊임한 女녀子자 ㅣ 子자息식을 生생育육하야 疲피癃륭殘잔疾질을 免면하고 聰총明명叡예知지가 더하리니 어미 노릇한 줄을 비로소 알띠라, 其기功공이 豈긔小쇼哉재 아이난 慈자闈위 ㅣ 우리 四사男남女녀의 試시驗험하샤 耳이目목口구鼻비의 未미成셩함이 업사니 이가 그 効효驗험이라.

내 말이 엇디 私사私사하리오. 高고明명하신 識식見견이 실로 사람의 아지 못하난 일알 알게 하심이니 보난 者쟈 ㅣ 맛당히 鑑감法법할띤져.

歲셰庚경 吾오秋츄 七칠月월 旣기望망에 不불肖초 長장女녀난 謹근 跋발하노라.

발문(跋文) 3

이 책은 곧 우리 어머님께서 지은 것이다. 아, 우리 어머님께서는 어려서부터 베 짜고 길쌈하는 여가를 틈타 경사에 널리 통하시더니 다시 대도(大道)[1]에 뜻을 두시어 이기(理氣)[2]와 성정(性情)의 학문까지 넓히시었다.

뿐만 아니라 경서 이외의 모든 글들까지 구하여 읽지 않은 것이 없었으며 특히 시 읊기를 좋아하셨으니 보통 시속(時俗)[3]과는 크게 다른 점이 있으셨다.

책을 저술함에 있어서는 옛 사람들이 이미 다 말하여 밝힌 것에 지나지 않는 것을 구별하셨고 또한 그러한 저술에 대해서는 유의하지 않으셨다.

그러면서도 특별히 이 책을 써서 우리에게 전하심은 다만 몸소 체험하신 것들을 모든 여인들께 보이시기 위함이셨다.

내가 이제 이 책을 읽어보건대 곧 나 같은 못난 여자가 있었으니, 이 세상에 누가 태교를 마다하겠는가? 비록 받아들이기

어려운 것이 있다 할지라도 오히려 받아들일 점이 더 많으니 그것은 못난 우리 사 남매가 이미 아무 탈 없이 성장하였고 또한 요절했다든가 몹쓸 병에 걸렸다든가 한 사람이 하나도 없었던 걸 보면 잘 알 수 있는 것이다.

여기에 이르러선, 나의 동생 경(儆)이 젖먹이 어린아이 적부터 세상에 뛰어난 재주를 타고 났고 못난 딸들 삼 형제 역시 결혼한 후 별 큰 탈 없이 지낼 수 있었으니, 우리 어머님께서 태아에게 삼가 가르쳐주신 그 은덕이 아니고 무엇이겠는가?

다만 한스럽게 여겨지는 것은 못난 우리 남매들이 어머님의 뛰어나 성품을 이어받고 태어났으면서도 겨우 모두 부족함을 면했을 뿐이라는 것, 그것일 것이다.

차차 자라면서 어머님께서 가르쳐주신 원래의 바탕을 굳세게 힘쓰지 못하였기에 마침내 이미 잘못된 일들을 바로 잡으려고 쓸데없이 애쓰고 있음을 면치 못하는 처지가 슬프고 또 슬플 뿐이다.

경오년 가을, 구월 초하룻날 못난 둘째딸이 삼가 발문을 지어 올리다.

---

1) 대도(大道): 사람이 마땅히 지켜야 할 바른 도리.

2) 이기(理氣): 성리학에서, 우주를 이루는 근본의 이(理)인 태극과 그것으로부터 나온 음양의 기(氣).

3) 시속(時俗): 그 당시의 풍속.

此차卷인즉 우리 慈자闈위의 지으신베라. 噫희라 우리 慈자闈위 ㅣ 自자幼유로 織직임紡방績적之지暇가에 博박通통經경史사하시더니 다시 大대道도에 뜻을 두샤 理리氣긔性셩情졍의 學학을 넓이시고 房방外외書셔랄 求구티 아니시며 吟음咏영을 더욱 조화아니시니 크게 時시俗속에 다름이 계신디라. 至지於어著져述슐은 不불過과古고人인의 糟조粕박이라 하샤 또한 留유意의티 아니시대 特특別별이 이랄써 두오심은 다만 몸소 試시驗험하신 바로 女녀婦부랄 보이랴신 일이시나.

이제 보건대 나갓한 不불肖초 ㅣ 잇으니 세상에 뉘ㅣ 胎태敎교로써 맛부다하리오. 비록 그르나 또한 그럿티 아님이 잇으니 不불肖초 等등 몃男남妹매가 임의 無무事사長장成셩하야 早조夭요惡악疾질者쟈 ㅣ업고 至지於어舍샤弟뎨儆경은 乳유哺포로붓허 出출類류ㅣ한 才제性셩이 잇고 不불肖초三삼兄형弟뎨도 역시 舅구家가에 得득罪죄랄 免면하니 엇지 우리 慈자闈위ㅣ 胎태에 삼가신 恩은德덕이 아닌 줄 알니오.

可가 恨한하옴은 不불肖초 等등도 受슈稟품인즉 거의 下하等등은 免면할너니 자라옴으로 本본質질을 剛강勵려티 못하야 맛참내 破파器긔랄 免면티 못하니 悲비夫부悲비夫부ㅣ로다.

歲세庚경 吾오季계 秋추初초吉길에 不불肖초 小쇼女녀난 謹근 跋발하노라.

태교신기 음의 서략(胎教新記音義序略)

인보(寅普)는 서파(西陂) 유희(柳僖) 선생께서 저술한 책의 서목을 열람하던 중에 태교신기에 대한 음의(音義)[1]가 있음을 처음으로 알게 되었다.

그 내용은 주로 젊은 여인들을 위한 내칙(內則)[2]에 해당하니, 말할 것도 없이 내칙은 태교에 관한 가르침이다. 그런데 그것이 누구에 의해서 지어지게 된 것인지 처음에는 지은이를 전혀 알 수가 없었다.

始寅普 閱西陂柳先生僖 所著書目有 曰胎教新記音義. 意其爲少儀內則 胎教之旨 而未知爲誰作.

1) 음의(音義): 음과 뜻. 언해(諺解)와 같은 말로 쓰임.
2) 내칙(內則): 예기의 편명(篇名)으로, 주로 여자들이 규문(閨門) 안에서 지켜야 할 도리를 기록하고 있다.

그런데 뒤에 선생의 문집과 선생 어머님의 묘지(墓誌)[3]를 읽고 나서야 겨우 그 책이 선생의 어머님이신 숙인(淑人)[4] 이(李)씨에 의해 저술되고 선생께서 그 책에 음의를 붙인 것임을 알게 되었다.

경서와 『예기(禮記)』에 밝은 성생께선 어려서 아버지 목천군(木川君)[5]을 여의었다. 그러니까 선생의 학문은 어머니 숙인 이씨로부터 받은 것이라 해도 과언이 아니다.

숙인 이씨는 이미 연로했으나 『태교신기』까지 저술하여 집안에 전하였다. 또한 선생께선 그 책을 후에 석천(石泉) 신작(申綽)에게도 보여주게 되었다.

而先生釋之 後讀先生文錄 考妣墓誌 知先生母李淑人. 邃經晳禮 先生早喪 考木川君 其學受自淑人. 淑人旣老著胎教新記 傳於家 又見申石泉綽.

---

3) 묘지(墓誌): 죽은 사람의 이름·신분·행적 등을 새겨서 무덤 옆에 파묻는 돌이나 도판(陶板), 또는 거기에 새긴 글.

4) 숙인(淑人): 정삼품의 당하관, 종삼품의 아내인 외명부(外命婦)의 품계.

5) 목천군(木川君): ~군(君)은 조선시대 때 임금이 종친(宗親)이나 훈신(勳臣)에게 내렸던 작위(爵位)로, 목천군(木川君)은 유희(柳僖) 선생의 아버지를 가리킴.

목천군(木川君)과 숙인이 합장된 뒤, 숙인의 묘지(墓誌)는 동해(東海) 조종진(趙琮鎭)[6] 선생이 지었다. 그 묘지를 통해서 그 책의 내용을 대강 미루어 알 수 있게 되었다.

석천 신작이 또 그 책의 서문을 지었는데 그 글의 나가고 들어옴이 상당히 오묘한지라 인보는 그 글을 매우 깊이 생각하면서 읽게 되었다.

근래에 선생의 증손되는 덕영(德永)이 선생의 유서들을 두루 점검하다가 말할 수 없을 정도로 일실본(佚失本: 잃어버린 책)이 많음을 알게 되었다.

木川君曁淑人合葬 墓碣趙東海琮鎭先生誌 皆推服是書 石泉又爲之序 以爲出入妙奧 寅普亟思 讀其書 就先生曾孫德永 徧檢遺書 卒不得 謂其佚也.

---

6) 조종진(趙琮鎭): 조선시대 순조(純祖) 때의 학자. 유희(柳僖) 선생의 아버지 목천군(木川君) 유한규(柳漢奎)와 교분이 두터웠음.

그러다가 금년 겨울, 덕영이 아버지를 좇아 천리나 되는 먼 곳, 예천(醴泉)을 찾은 일이 있다. 마침 동생 근영(近永)을 방문했다가 그곳에서 우연히 책 한 권을 찾게 되었으니 그것이 곧 선생께서 손수 쓰신 『태교신기음의(胎敎新記音義)』이었다.

인보는 거의 마음을 안정시킬 수가 없을 정도로 한편 놀랍기도 하고 한편 기쁘기도 하였다. 십년 동안 생각이 나지 않아 끙끙 앓던 것을 하루아침에 알아낸 듯한 기분이었다. 마치 오래도록 원해오던 것의 보상이기라도 한 것처럼.

今年抄冬 德永從父弟 近永自嶺之醴泉 千里相訪出一編 則先生手書 胎敎新記音義也. 寅普驚喜. 殆不自定 不惟十載 耿耿一朝 而償久願.

선생의 학문은 정말 남달리 넓고 뛰어났다. 하지만 선생께선 어머니인 숙인(淑人)으로부터 가르침을 받은 분이다. 그러니, 선생을 아는 사람이면 의당 숙인의 학문이 어떠한가를 짐작할 수 있을 것이다.

사실 이 글은 숙인께서 평생 동안 그의 마음과 힘을 쏟아 여기에 모아놓은 것이다. 널리 전하지 못하는 그의 학문(대작이라고 일컫는 저술들이 거의 전하지 않고 있음)이 매우 한스러운 일이지만 그나마 『태교신기』가 전해지고 있으니 참으로 얼마나 다행한 일인가!

以先生卓犖閎碩 而淑人訓之 知先生者 當知淑人之學爲何如. 而是書實淑人 平生心力 所凝聚此 而不傳於震域 學術遺恨至鉅 乃幾不傳而傳 其爲幸可勝道哉.

숙인은 결혼하기 전에 이미 육예(六藝)[7]를 널리 익히고 제자백가(諸子百家)[8]를 두루 섭렵한 뒤 목천군과 결혼했다고 한다. 목천군 또한 뛰어난 학자였다. 결국 부부가 모두 학문하는 사람들인 셈이었다.

그들 부부는 함께 믿고 즐기며 옛 성현들이 가르친 의리, 정치, 역서, 산술, 법률 등에 이르기까지 모두 밝게 강론할 수 있었다.

淑人在室 習經讀六藝百家之言 旣歸木川君. 木川君又負絶學 夫婦衎衎 講明古聖賢 指義旁治曆算至律呂.

---

7) 육예(六藝): ① 선비로서 배워야할 여섯 가지의 일. 곧 예(禮)·악(樂)·사(射)·어(御)·서(書)·수(數).

② 육경(六經). 곧 역경(易經)·서경(書經)·시경(詩經)·춘추(春秋)·악기(樂記)·예기(禮記). 이 가운데 악기는 없어지고 지금은 오경(五經)만 남았음.

8) 제자백가(諸子百家): 중국 춘추·전국시대의 여러 학파를 통틀어 이르는 말.

본래 타고났다고 할까? 그들 부부는 진정 서로가 짝되지 않는 바가 하나도 없었던 듯하였다.

목천군이 세상을 떠난 뒤로 숙인은 줄곧 선생만을 가르치는 데 온갖 뜻을 다하였다 한다. 무릇 그는 부지런하게도 선생이 뱃속 태아일 때부터 자기가 가지고 있는 모든 것을 선생에게 미리 이을 수 있게 하는데 온 노력을 다 기울였다는 것이다.

더욱 고심한 것은 태교에 관한 내용을 뒤에 책으로 펴낸 일이었다. 이는 선생이 태아일 때부터 가르치고 선생을 낳아 기르고 키우는데, 온갖 정성을 다 쏟으면서도 늘 생각하던 바였다.

靈素靡所不儷偕 暨木川君沒 則塼意敎先生. 夫其勤勤於腹胎 以預其薰化繼之. 若心纂綴 思廣其道 於後則其養之於旣生 導之於旣長者 不待言也.

숙인에게 있어서 말로 다 할 수 없이 기뻤던 일은 선생께서 바로 많은 저술로 집안을 가득 채워 놓았던 점이다. 그만큼 어머니로부터 가르침을 받은 선생께선 다른 것과 함께 다같이 훌륭한 문장을 겸비하고 있는 처지였음을 알게 해주는 것이다.

숙인은 진실로 모두 시험해서 이 책을 만들었다. 근본 이치에 의거하여 몸소 실과 허를 비교해보고 실증도 하였다. 그래서 자기 생각 이외의 다른 의견들까지도 모두 덧붙일 수 있었다.

迨淑人晩節 先生道行 倶高著述滿家 先生同母姉妹三人 皆端莊有文 淑人之爲是書 固驗諸己 而徵親見之實與虛依於理 而設其言者 異矣.

태교의 학설은 『대기(戴記)』[9]에서 시작했다고 한다. 그러나 너무 간략할 뿐 아니라 세상에 두루 알려진 것도 너무 뒤늦었다. 멀리 서역에서는 우생(優生)[10]으로 알려졌는데 우생 즉, 우수하게 태어난 사람은 자기 생활을 우수하게 한다는 내용이다.

보통 힘들다, 고단하다, 근심스럽다, 아프다, 미치다, 어리석다, 괴롭다 등 몹쓸 병에 걸려 방탕하게 되면, 마침내 가족에게까지 온몸에 병을 옮게 한다.

胎教之説 昉見於戴記 然己略晩世. 遠西始言優生 優生者 優其生也. 凡尤儜悴痨癲癡瘡毒 諸惡疾浸淫綿聯 終以瘯蠡族類.

---

9) 대기(戴記): 중국 주(周)나라 혹은 진한(秦漢) 초에 고인논례(古人論禮)의 유언과 의절을 집록(集錄)한 『예기(禮記)』를 한(漢)나라 대성(戴聖)이 전하였기 때문에 붙여진 이름.

10) 우생(優生): 우생학(優生學)과 같은 말. 유전원리(遺傳原理)를 이용하여 약질의 혈통을 제거하고 우량한 혈통을 보존할 목적으로 배우자의 선택, 또는 결혼에 관하여 과학적으로 연구하는 학문. 1885년 영국의 골턴(Galton)이 주창함. 인종 개량학.

그렇게 되면 병의 예방을 위해서 좋다는 방법에 대해 이 말 저 말을 듣는다. 의사에게 보이고 치료를 부탁하여 식이요법도 쓰려고 한다. 하지만 병을 고치기는 너무나 어렵다.

그 때문에 병이 나기를 기다렸다가 병을 고치려고 노력하는 것보다 먼저 태교 같은 것에 힘을 써야 한다는 것이다. 그러나 그런 문제는 역시 여기에서 늘 그치고 말았을 것뿐이다.

태아 양육은 애초부터 천기(天氣) 같은 것이 합해져야 된다. 태교의 제술(制術)[11]의 내용이 빈약하고 엉성하면 오히려 인(仁)이 의(義)와 덕(德)을 포괄한다고 하더라도 그것을 가르쳐 사람들을 다 교화시켜 가기는 참으로 막연할 것임에 틀림없다.

則明爲之防 用粹其良其說 視醫養療 餌爲玄遠.
蓋以彼治 其成此事其先 然亦止於是而已. 至其養之於氤氳之初 制術猶疎 矧仁煦義抱德 敎眇化去之 固邈然也.

---

11) 제술(制術): 방법 또는 기술을 제정하거나 규정함.

숙인은 그 글에서 아비의 행실과 어미의 거동을 특히 중요시 하고 있다. 아기를 밴 어미로 하여금 착하고 바르게 몸가짐을 갖고 혈기를 통어(統御)[12]해 가도록 하고 있다. 그것은 바로 태아의 형상을 착하고 바르게 형성시켜 가도록 하자는 의도가 있기 때문이다.

깊고 폭넓게 관찰하고 연구하고 명변한 핵심내용이 세상에 널리 알려져야 한다. 그러나 변변치 못하다면 어찌 그러한 관찰과 궁구의 활력이 세상에 자주 일어날 수 있겠는가?

淑人之書 首重父行母儀 俾懷子之母 率由順正以御氣血而方化者象焉. 覩其博究 精辨謂世多 不肖非氣數.

---

12) 통어(統御): 거느려서 제어한다.

홀로 생각하고 홀로 알면서도 옛 여인들 가운데에는 그 생각한 것, 아는 것을 세상에 전하려고 한 사람은 아무도 없었다.

눈으로 보면 보이는 것이 곧 변하는 것을 거론하고 귀로 들으면 들리는 소리에 곧 감동되는 것을 거론하기도 했다. 그들은 또 다 같이 그 같은 거론에 대하여 깊이 이해할 수 있다든가, 두렵다든가 아니면 그에 대한 모임 같은 것을 갖기까지도 했다.

使然孤懷瑰識 可謂前無古人矣. 戒目見則論 見物而變 戒耳聞則論 聞聲而感 其說解理 縉栗冥會.

어린아이가 기거하고 양육되는 일에 대한 거론도 꼭 그와 같다. 앉으면 움직일 것을, 서면 다녀야할 것을, 누우면 잠자야 할 것을, 배고프면 먹어야 할 것을 서로들 이야기했다. 그러한 거론들은 다 태아에 대하여 정확히 살피고 널리 이해하고자 함이었으니 따지고 보면 모두 마음가짐에 달려 있는 것이라 하겠다.

의원을 만나 약을 복용하면 병을 낫게 하는 데는 좋을지 모르나 자식의 얼굴을 예쁘게 하는 데는 좋다고 할 수 없다. 방안에 편하게 거처하고 있으면 태아를 편하게 하는 데는 좋을지 모르나 자식의 됨됨이를 어질게 하는 데는 좋다고 할 수 없다.

자식은 피로 인해 형성되고 그 피 때문에 마음도 움직인다. 어미의 마음이 바르지 못하면 자식 또한 바르게 성장하지 못한다.

幼眇居養事 爲坐動行立 寢臥飮食 皆審確周詳 其言存心也. 曰延醫服藥 足以止病 不足以美子貌 汎室靜處 足以安胎 不足以良子材. 子由血成 而血因心動 其心不正 子之成亦不正.

임산부의 도리는 삼가는 데에 있다. 삼가는 마음은 어미의 마음에 달려 있다. 혹 사람을 해친다든가, 생물을 죽인다든가, 간사함, 탐욕, 절도, 질투, 훼손 등의 생각을 갖는다거나 그러한 생각으로 말미암아 가슴속에 사악함을 싹틔워서는 안 된다.

그렇게 삼간 뒤라야 입에서는 망언(妄言)이 나올 수 없고 얼굴에는 파렴치가 있을 수 없다. 만약 잠깐 동안이라도 삼감을 잊는다면 이미 피(血)를 잃는 것과 같을 것이다.

姙婦之道 敬以存心母. 或有害人 殺物之意 奸詐貪竊 妬毀之念 不使蘖芽於胸中. 然後口無妄言 面無歉色. 若斯須忘敬 已失之血矣.

슬프다. 어찌 저술의 깊이를 말하지 않고 육체의 단절만 말할 수 있단 말인가? 이 강론은 배움의 핵심을 말했다는 데에서 흡족할지 모르겠다. 그러나 그것은 이전의 어진 사람들을 마냥 의미없이 입에 오르내린 것에 지나지 않는다.

태교를 한낱 태교로서만 말하고 만다면, 태교에 관해서는 부인들은 별의미 없이 자기들의 노리개 장식 정도라고 생각했을 뿐, 그것을 그 뒤 스스로 더 이상 발전시키지는 못하였을 것이다.

嗚呼 豈非所謂造之深 而體之切者耶. 此講學之精言足以頡頏前賢其徒 以胎教垂後 則自以婦人珩璜 造次思不越其位故也.

그러나 이젠 태교에 대한 강론이 지극히 밝아졌고 관찰도 지극히 은밀해졌다. 옛날 입으로만 말해지던 태교가 여기에 이르러선 그 밑바닥까지 밝혀지게 된 것이다. 따라서 수천 년 내려오던 태교에 관한 내용을 하나의 전범(典範)[13]으로 이루어 놓은 셈이다.

아직은 먼 서역의 태교와 형평이 맞지 않으나 다만 우생가(優生家)[14]의 이론과는 잘 부합되고 있다. 우생가의 이론도 어미의 삼감과 혈맥의 통어를 그 근본으로 하고 있기 때문이다. 우생가의 이론이 아무 구애받음 없이 널리 그리고 많은 사람에게 행하여지게 된 까닭도 바로 여기에 있다고 본다.

蓋其講之至明 察之至密 古之言胎教 至是克底 成典爲數千年來所. 未有衡諸遠西 兼包有優生家言 而其洞本原操心御血 優生家所莫逮苟 行之廣而群 以則焉.

---

13) 전범(典範): 본보기가 될 만한 모범.

14) 우생가(優生家): 우생학자(優生學者)와 같은 말.

어진 인재는 마치 집과 같다. 결국 많은 사람들을 돕는다는 점에선 그와 다름없다. 그런 까닭으로 비로소 여성들은 태교에 관하여 깊이 교육하기에 이르렀다.

소혜왕후[15]의 『내훈(內訓)』[16]이 당시 규방의 예경(禮經)[17]으로써 저술되어 널리 전하였으니 으뜸으로 이해된 것이 사실이다.

雖俊乂比屋 可也. 其毘輔人群 豈有旣哉 自女教中襄. 昭惠后内訓 以外域中閨壼 以經禮著述 傳者絶鮮.

---

15) 소혜왕후(昭惠王后): 1437~1504. 조선조 덕종(德宗)의 왕비. 성은 한 씨(韓氏). 불경에 조예가 깊어 범(梵)·한(漢)·국(國)의 삼자체(三字體)로 쓴 불경과 부녀자를 위해 쓴 『내훈(內訓)』은 귀중한 역사자료가 됨.

16) 내훈(內訓): 조선시대 성종(成宗)의 대비(大妃) 한 씨가 『소학(小學)』·『열녀(烈女)』·『명심보감(明心寶鑑)』 등에서 역대 후비(后妃)의 언행의 규잠(規箴)이 될 만한 것을 추려 모아 언해를 붙여 성종 6년(1475)에 간행한 책.

17) 예경(禮經): 사람이 지켜야 할 예절(禮節)을 담아 펴낸 경전(經典).

그러다가 숙·영 년간 이후로는 질박한 학문[18]이 일어나게 되어 연천(淵泉) 홍석주(洪奭周)[19]의 어머니 서(徐) 씨[20]도 유능한 문장으로 이름나 그의 시(詩)인, 「서풍석유구(徐楓石有榘)」를 남기고 있다.

肅英以後 撲學起 而洪淵泉奭周 母徐氏 名能文 僅傳其詩 徐楓石有榘.

18) 박학(撲學): ① 지금은 통용되지 않는 고대 학문.
② 명예나 이익을 목적으로 하지 않은 소박한 학문.

19) 홍석주(洪奭周): 1774~1842. 조선조 순조 때의 문신. 자는 성백(成伯). 호는 연천(淵泉), 본관은 풍산(豊山). 영의정 낙성(樂性)의 손자인 우승부지 인모(仁謨)의 아들. 정조 19년(1795)에 문과에 급제, 병조·이조판서를 거쳐 순조 34년(1834)에 좌의정을 지냄. 한학 특히 주자학과 문장에 유명했을 뿐 아니라 정치, 경제, 과학에도 이름이 높았음. 시호는 문간(文簡) 작품 『풍산세고(豊山世稿)』, 『상예회수(象藝薈粹)』 등.

20) 서 씨(徐氏): 연천(淵泉) 홍석주(洪奭周)의 어머니로 시(詩)와 문(文)에 능하였다고 함.

본래는 숙인 이씨에게 언니 한 분이 있었다. 그 언니의 학문도 깊고 넓어, 규각총서를 두루 저술했다고 하는데 오늘날 그 책들이 있는지 없는지는 전혀 알 길이 없다.

이제 다만 글이 있어서 세상에 전하고, 세상에 전하는 그 글은 또한 세도(世道)[21]와 깊이 관계되어 있다. 그와 같은 글은 유독 숙인만의 글일 뿐이다.

兄有本夫人李氏 淵博富聞 著閨閣叢書 今其書存否未可知. 其有書以傳 而書又關係世道 則獨淑人爲.

---

21) 세도(世道): ① 세상을 올바르게 다스리는 길.
② 세상의 도리.

그러한 글 속에서 전훈(典訓)을 좇아 답습토록 한 것이 오히려 그 내용을 값지게 만든 셈이다. 하물며 유독 작은 것까지를 종합해서 말한 것이 그토록 천인(天人)에 통달할 수 있었다면 숙인(淑人) 같은 사람에게 있어서는 더 말할 나위도 없다.

오늘날 그 책이 크게 전하지는 않지만 숙인이 쓴 그 글은 가치를 따지자면 마치 큰 대궐과 같은 것이다. 비록 아득한 인물이긴 하지만 날이 가면 갈수록, 어루만지면 만질수록 그리고 돌아보면 볼수록 부인의 유편(遺篇)이야말로 더욱 아름다우니, 어찌 감탄을 거듭거듭 보내지 않을 수 있겠는가?

然假使沿襲典訓 猶爲綦重 況其獨綜微言 妙達天人如淑人. 而是書至今 不大傳 値寰宇多 故人物眇. 然之日撫遺篇 而回皇 又安能 不重爲之致慨也.

특히 숙인께서 저술했다 하더라도 유희 선생께서 그 핵심을 환히 밝혀 주석까지 붙여 놓았으니, 더더욱 오래오래 숙인의 뜻이 전하여질 것이다.

그리고 자손들마저 끊임없이 도모하여 그 유편을 전하게 되었으니 구애받음이 없을 뿐만 아니라 깨끗하게 닦아 전한 그들의 뜻을 다시 한 번 고요히 새겨보게 한다.

이에 인보는 누가 되지 않을까 거듭 조심하면서 삼가 서문을 올려 숙인의 뜻을 잘 전하고자 하는 바이다.

雖淑人之著 而先生之釋 其精爽彌 亘久遠決不沈湮 子孫之圖 其傳. 無苟於一時 而必思先 世潔修之節 以期其不累重而愼之 所以善其傳也.

숙인은 영조 기미년에 나서 순조 신사년에 돌아가셨다. 이 글은 정조 말년 한 해 전에 씌어졌고 그리고 같은 해에 그 음의(音義)도 이루어졌다.

선생은 스스로 자남(子男), 경(儆)이라 칭하였다. 자남, 경은 실제로 선생의 초명(初名)이다. 그 글의 끝에는 정음(正音)[22]으로 독해의 글까지 붙였는데, 말이 고상하고 예스러워 숙인의 법려(法慮)[23]를 잘 드러내었다.

숙인의 뜻을 배워 계승한 사람들은 의당 그 책을 보배롭고 귀하게 여겨 가리라.

淑人生 英祖己未 卒于 純祖辛巳. 書之成在 正祖季年又一年 而音義就. 先生自稱子男儆 實先生初名. 而書末附以正音讀解 詞語高古 有法慮 出自淑人玆. 又承學者 所宜葆貴也.

21) 정음(正音): 훈민정음(訓民正音)의 줄임말.

22) 법려(法慮): 법도(法度)와 같은 말. 인간이 지켜야 할 도리.

근영(近永)이 우선 선생의 전서(全書)에 대한 출간을 뜻하였고 그 글에 인보가 서문을 상재케 되었으니 위에 보인 것이 바로 서문의 대강이다.

병자년(丙子年) 십이월 후학 정인보가 삼가 쓰다.

近永志刊 先生全書 首事是書 寅普爲序 其略如此云.

丙子十二月 後學鄭寅普 謹書.

태교신기

발행일 | 초판 1쇄 2014년 6월 30일

지은이 | 사주당 이씨
옮긴이 | 이연재
펴낸이 | 고진숙
펴낸곳 | 안티쿠스
책임편집 | 김종만
북디자인 | 배경태
인쇄·제본 | 상지사피앤비
물류 | 문화유통북스
출판등록 | 제300-2010-58호(2010년 4월21일)
주소 | 110-816 서울시 종로구 자하문로 266, 612호
구) 서울시 종로구 부암동 129-8 울트라타임730오피스텔 612호
전화 | 02-379-8883, 723-1835
팩스 | 02-379-8874
이메일 | mbook2004@naver.com

값은 뒤표지에 있습니다.

ISBN 978- 89 - 92801-33 -1 03590

이 도서의 국립중앙도서관 출판시도서목록(CIP)은 서지정보유통지원시스템 홈페이지(http://seoji.nl.go.kr)와 국가자료공동목록시스템(http://www.nl.go.kr/kolisnet)에서 이용하실 수 있습니다(CIP제어번호:2014017354).